2차 전지의 혁신

전고체 전지

새로운 시장을 열다

2차 전지의 혁신

전고체 전지

새로운 시장을 열다

사이토 가쓰히로 지음

권오현, 오가윤 옮김

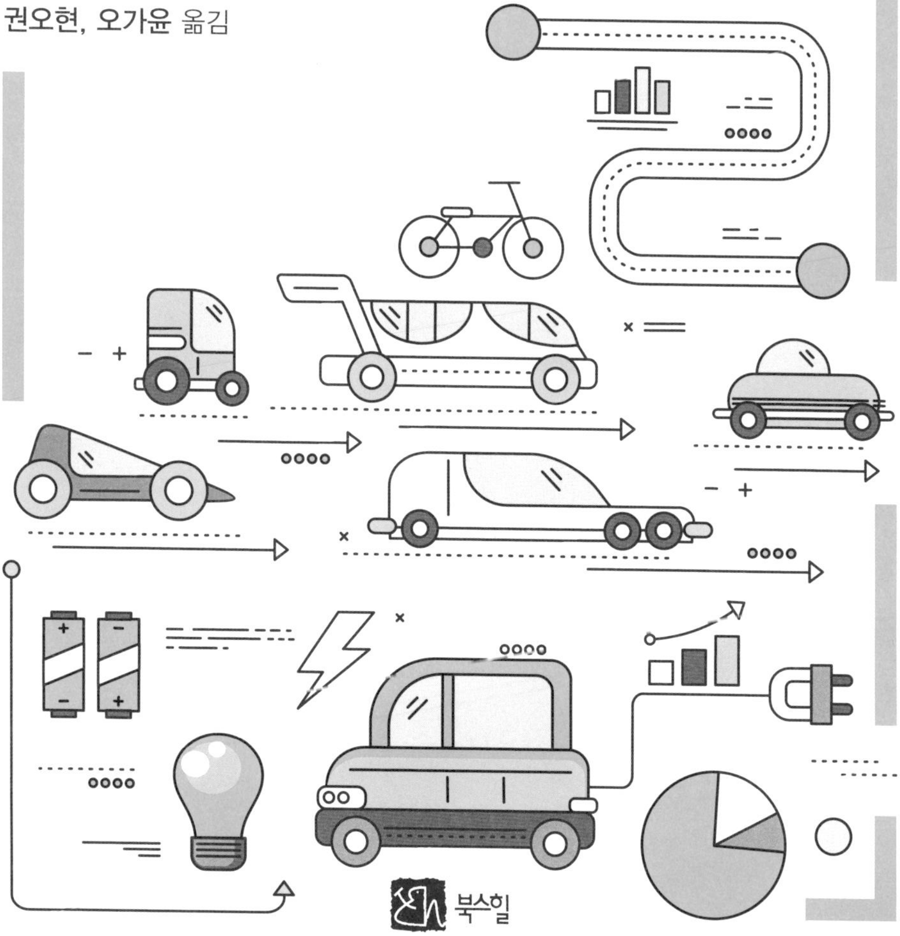

북스힐

프롤로그

지구 온난화가 심각한 문제로 대두되고 있습니다. 일본 정부는 이산화탄소 등 온실효과를 유발하는 물질의 감축을 위해 2050 탄소중립carbon-neutral을 선언했습니다. 에너지 사용에 있어 화석 연료 의존도를 낮추는 일은 아주 시급한 문제입니다.

휘발유 같은 석유 연료를 연소해서 주행하는 자동차는 이산화탄소를 내뿜으며 달립니다. 자동차도 석유 연료 사용을 줄여야 합니다. '석유를 사용하지 말라니, 나보고 직접 발로 뛰라는 거야?'라는 의문을 가질 분도 있겠지만 사실 대안은 이미 존재합니다. 바로 전기 에너지를 사용해서 모터를 구동하는 전기 자동차입니다. 전기 자동차는 수소 연료 전지 등을 이용해서 직접 전기를 만들 수 있습니다. 주행하면서 전기 에너지를 만드는 타입과 전원에 플러그를 꽂아서 전기를 차 안에 설치된 전지배터리에 저장충전해서 주행하는 타입이 있습니다.

후자의 경우에는 전기 에너지를 효과적으로 저장하고 사용할 수 있는 고성능 축전지가 필요합니다. 현재 최고성능의 축전지는 리튬 이온 이차 전지입니다. 그러나 리튬 이온 이차 전지는 화재의 위험이 있습니다. 그래서 그것을 개선하기 위한 논의가 현재 진행되고 있는데, 화재의 원인이 되는 유기용액의 전해질electrolyte을 화재 위험이 없는 고체 형태의 전해질로 대체하자는 것입니다. 이를 위해서는 고체 전해질을 이용한 리튬 이온 이차 전지, 즉 전고체 전지all solid-state battery를 개발해야 합니다.

이 책에서는 이러한 전고체 전지의 원리를 비롯해 구조, 응용, 장점, 단점, 그리고 안전성 등 전고체 전지에 대해 다룰 수 있는 모든 내용을 다룹니다. 또한 일반 전지에 대해서도 기초적인 내용을 알기 쉽고 편하게 설명했습니다. 이 책을 읽고 전지의 전반적인 내용에 대해서 이해하시고 나아가 전고체 전지의 전문가가 되시기를 바랍니다.

사이토 가쓰히로

차례

1장

최신 리튬 전지의 현황

현대 사회에서 전지(배터리, battery)가 없는 생활은 상상할 수도 없다. 전지의 종류는 많지만, 최고성능의 전지는 리튬 이온 이차 전지(lithium-ion secondary battery)로 알려져 있다. 이 장에서는 전지의 기본 원리, 그리고 리튬 이온 이차 전지의 장점과 단점 등을 알아보자.

리튬 이온 이차 전지

1-1

현대의 최첨단 전자기기, 스마트폰 또는 노트북 PC의 전원으로 리튬 이온 이차 전지가 사용되고 있다. 첨단 여객기인 보잉 787에 사용되는 전지도 리튬 이온 이차 전지이다. 반대로 이야기하면 리튬 이온 이차 전지의 등장이 이러한 첨단 전자기기의 등장을 가능하게 했다고 할 수 있을지도 모른다. 그만큼 리튬 이온 이차 전지는 활용처가 넓은 강력하고 유용한 전지이다. 하지만 문제점도 존재한다.

전지란 무엇인가?

먼저 이 책을 읽는 독자 여러분께 양해를 구하고 싶다. '전지 관련 책은 처음 읽는다', 혹은 '전지에 관한 내용은 잘 모른다'고 생각하시는 독자분들은 이 책의 6장과 7장을 먼저 읽어보시기를 바란다. 6장과 7장에는 전지의 기초 내용이 알기 쉽게 쓰여 있기 때문에, 이 책의 전반적인 흐름을 이해하는 데 큰 도움이 되리라 생각한다. 그리고 이 책

이 책을 읽는 방법

전고체 전지에 대해
자세히 알고 싶다

Yes!

전지에 대해
충분한 지식을 갖고 있다.

Yes!

〈1장〉
최신 리튬 전지의 현황
부터 Start!

〈6장〉
화학 전지의 원리와 구조
〈7장〉
이차 전지의 원리와 구조
부터 Start!

이해가 되었다면?

1장
최신 리튬 전지의 현황
으로 이동할 것!

을 읽는 동안 이해하기 어려운 부분이 나오면, 6장과 7장을 언제든지 다시 읽어보면 도움이 될 것이다.

그렇다고 해도, 일단은 여기서도 전지의 기본적인 내용부터 소개하려고 한다.

아시다시피, 손전등에서부터 쿼츠식 손목시계, 최첨단 전자기기에 이르기까지 현대 사회는 전지로 움직인다고 해도 과언이 아니며, 전지가 없는 우리 생활은 상상할 수조차 없다. 예를 들어 전기 코드로 콘센트에 연결해야 작동하는 유선 전화기를 '휴대mobile' 폰이라고 말할 수는 없다. 다시 말해, 전지는 '휴대성mobility'을 가능하게 해준다.

그렇다면, 전지는 무엇일까? 전지는 전기를 공급해주는 장치이다. 전지는 전기 에너지를 만드는 장치와 이를 위한 에너지 공급원energy source으로 구성되어 있다. 따라서 전지가 있으면 전기 에너지 공급이 가능하다.

화학 전지

건전지나 버튼형 전지처럼 우리가 일반적으로 알고 있는 전지라면 앞서 소개했던 내용으로 충분히 설명이 된다. 하지만 오늘날 현대 사회에서 사용되는 전지 중에는 이러한 일반적인 정의에서 벗어나는 전지들도 있다. 태양 전지solar battery/cell가 그중 하나이다. 태양 전지는 태양이 내뿜는 빛 에너지태양광 에너지를 전기 에너지로 변환하는 장치이다. 즉, 태양광이 없으면 태양 전지는 전기 에너지를 만들 수 없다. 태양 전지는 전기 에너지를 만드는 '장치 파트device part'이며 전기 에너지의 공급원인 빛 에너지는 외부태양에서 공급받는 것이기 때문이다.

최근 화제인 수소 연료 전지hydrogen fuel battery/cell 같은 연료 전지들도 마찬가지다. 수소hydrogen, H_2 또는 메탄methane, CH_4 등의 연료가 없으면, 연료 전지는 전기 에너지를 만들 수 없다.

이에 비해 손전등이나 버튼형 전지는 전지 안에 에너지 공급원인 화학 물질이 들어 있으며 이것들을 이용한 화학 반응에 의해서 발생한 '화학 반응 에너지chemical reaction energy'를 전기 에너지로 전환하게 된다. 이러한 전지를 '화학 전지chemical battery'라고 한다. 요즘 가장 주목받는 리튬 이온 이차 전지나 이 책에서 이야기할 전고체 전지all solid-state battery도 역시 화학 전지다. 연료 전지fuel battery도 연료의 연소화학 반응에 의해 전기 에너지를 만들기 때문에, 역시 화학 전지의 일종이라고 말할 수 있다.

처음 전지가 발명된 건 1800년으로, 발명자인 이탈리아의 물리학자 알레산드로 볼타Alessandro Volta의 이름을 따서 볼타 전지Voltaic battery라고 불린다. 볼타 전지는 전형적인 화학 전지로 황산sulfuric acid, H_2SO_4과 아연Zn, 구리Cu 같은 금속들을 조합해 만들었으며, 이러한 장치에서 화학 반응이 일어나 에너지 공급원을 만들게 된다.

이차 전지

전자기기에 장착된 건전지나 버튼형 전지는 저장된 전기 에너지를 모두 사용하면 재사용할 수 없기 때문에 새로운 전지로 교환해야 한다. 이러한 전지를 '일차 전지primary battery'라고 한다. 볼타 전지도 일차 전지에 속한다. 이에 반해서 스마트폰이나 노트북 PC에 사용되는 리튬 이온 이차 전지와 드라이어, 면도기에 사용되는 니켈Ni-카드뮴Cd 이차

일차 전지와 이차 전지의 종류

일차 전지

- 망간 건전지
- 불화 흑연 리튬 일차 전지
- 이산화 망간 리튬 일차 전지
- 염화 티오닐 리튬 일차 전지
- 이산화철 리튬 일차 전지
- 알칼리 망간 전지
- 공기 아연 전지
- 산화은 전지

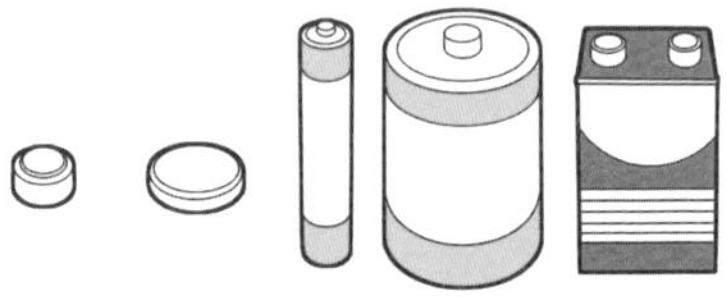

이차 전지

- 리튬 이온 이차 전지
- 니켈 카드뮴 전지 (니카드 전지)
- 니켈 수소 전지
- 납축전지

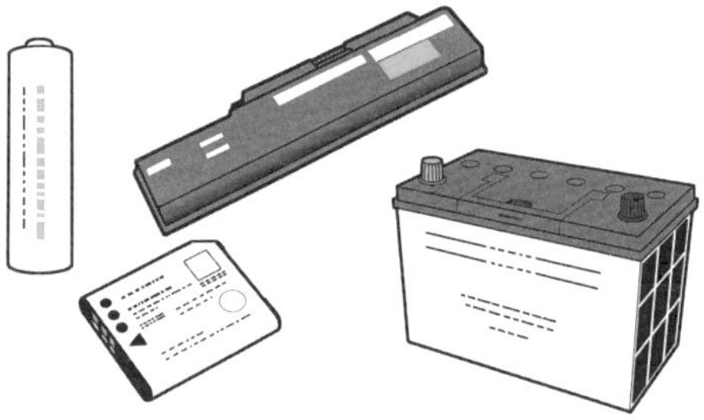

전지 또는 자동차에 들어가는 납Pb 축전지 등은 저장된 전기 에너지를 모두 사용해도 콘센트로 연결해서 충전하면 다시 사용할 수 있다.

이와 같이 충전을 해서 여러 번 반복 사용할 수 있는 전지를 '이차 전지secondary battery'라고 한다. 또는 축전지, 배터리라고도 한다. 이 책에서 다루는 전고체 전지도 이차 전지에 속한다.

이차 전지는 프랑스의 화학자 가스통 플란테Gaston Planté가 1859년 최초로 발명했다. 볼타 전지를 발명하고 나서 약 50년 뒤의 일이었다.

리튬

앞서 화학 전지는 화학 반응 에너지를 전기 에너지로 바꾸는 장치라고 말했는데, 화학 전지에서 반응 에너지를 발생시키는 원료는 주로 금속 원소들이다. 건전지에는 아연Zn과 망간Mn 두 종류의 금속이 사용된다. 버튼형 전지의 일종인 산화은 전지의 경우, 은Ag과 아연Zn이 사용되며 납축전지의 경우 납Pb이 사용된다.

리튬 이온 이차 전지나 전고체 전지에는 리튬Li이 사용된다. 일상생활에서 리튬이라는 단어를 접할 기회가 많지는 않다. 원자 번호가 3인 리튬Li, Z=3은 수소H, Z=1, 헬륨He, Z=2에 이어서 주기율표에 있는 원소 중 세 번째로 작은 원자이다. 금속 원소 중에서는 가장 크기가 작고, 비중은 0.53으로 모든 금속 중 가장 가볍고 작으며, 당연한 이야기지만 물에 뜨는 성질을 가진다. 하지만 리튬이 물과 만나면 대폭발을 일으키는데, 그 이유는 리튬은 물과 반응해서 격렬하게 발열하는 동시에 수소 기체H_2를 발생시키고, 생성된 수소 기체가 격렬한 반응열로 인하여 발화되어 폭발하기 때문이다.

$$2Li + H_2O \longrightarrow Li_2O + H_2$$

녹는점melting point은 180.5℃로 금속 중에서는 꽤 낮은 편에 속한다. 끓는점boiling point은 1,330℃이며 상온25℃에서는 백색의 금속 광택을 띠는 고체이지만, 공기 중의 질소와 반응해서 어두운 적색의 질화리튬Li_3N이 생성되기 때문에 리튬 금속의 표면은 보통 검은색으로 보

◎ 리튬 이온 이차 전지 또는 전고체 전지를 만들때 사용하는 리튬 덩어리.
희귀 금속인 리튬은 생산 가능한 지역이 한정되어 있으며 일본에서는 채굴되지 않는다. 바닷물 속에 다량 함유되어 있기 때문에 바닷물에서 리튬을 추출하는 기술이 개발되고 있다. (출처: Wikipedia)

◎ 리튬은 물과 반응하면 격렬한 발열이 일어나며 폭발하지만, 기름과는 반응하지 않는다. 또한, 비중이 0.53으로 금속 중에서도 가장 작기(가볍기) 때문에 기름에 넣으면 물에 뜬다. (출처: Wikipedia)

인다. 공기 중의 습기와 쉽게 반응하기 때문에 석유를 담은 병에 넣어서 보관한다.

모스 경도Mohs hardness는 0.6이며 흑연그래파이트, graphite 0.5~1과 비

슷한 정도의 단단함을 가지고 있다. 딱딱한 치즈 정도의 경도이기 때문에 사용할 때는 칼로 잘라낸 후 표면의 검은 부분을 칼로 깎아서 사용한다. 반응을 일으킬 때는 리튬 덩어리를 소량의 액체형 파라핀liquid paraffin과 함께 철제 절구 위에 놓고, 철제 막대로 두드려서 호일 모양으로 얇게 만든 다음 적당한 유기 용매를 사용하여 파라핀을 씻어내고 사용한다. 액체형 파라핀을 사용하는 이유는 두드리는 과정에서 공기 및 습기와 반응하는 것을 방지하기 위해서이다.

희귀 금속 Rare metal

전지는 앞으로 당분간은 리튬을 중심으로 발전하지 않을까 생각된다. 그런데 리튬은 희귀 금속Rare metal이라는 한 가지 문제가 있다. 특히 일본에서 리튬의 산출량은 매우 적다.

희귀 금속은 다음과 같은 특징을 갖는다.

① 지표면에 존재하는 양이 적다.

② 산출지가 특정 지역에 집중되어 있다.

③ 분리 제련 과정의 난이도가 높다.

이 세 가지 특징 중 하나만 충족해도 희귀 금속이라고 정의한다. 리튬은 ②번 조건에 해당하며 전 세계 생산량의 70%를 칠레, 오스트레일리아, 아르헨티나 등의 3개국에서 주로 차지하고 있다. 일본으로서는 필요한 리튬을 전량 수입에 의존할 수밖에 없다.

2021년 현재, 세계 리튬 매장량은 2,100만 톤이며, 연간 산출량이 82만 톤 이상이기 때문에 앞으로 채굴할 수 있는 양은 약 26년 정도로 예상이 된다. 하지만 전기 자동차의 배터리가 사용하는 리튬의 양은

리튬 생산량과 매장량

리튬 생산량

오스트레일리아	40,000
칠레	18,000
중국	14,000
아르헨티나	6,200
브라질	1,900
짐바브웨	1,200
포르투갈	900

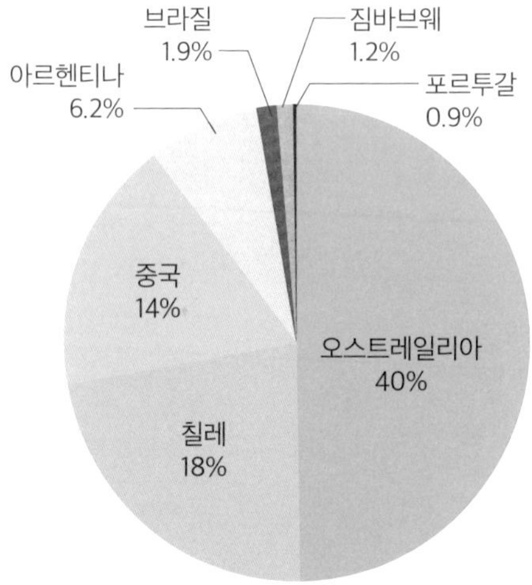

리튬 매장량

오스트레일리아	64,700,000
칠레	9,200,000
아르헨티나	1,900,000
중국	1,500,000
브라질	220,000
짐바브웨	95,000
포르투갈	60,000

※ 단위는 톤
미국지질조사소(USGS) 2021년 리포트를 참고로 작성

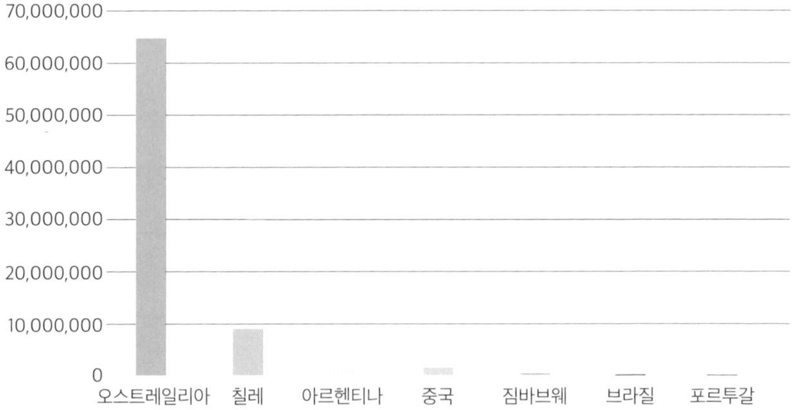

노트북 PC에 사용되는 리튬의 약 10배라고 예상되기 때문에, 앞으로 전기 자동차가 보급되면 채굴 예상 연수는 더 줄어들 수 있다.

이러한 문제를 해결해줄 수 있는 게 바로 바닷속에 존재하는 리튬이다. 무려 2,300억 톤이 바닷속에 매장되어 있다고 하니, 양적으로는 아무 걱정할 필요가 없을 듯하다.

바닷물에서 특정 금속을 추출하는 기술은 크라운 에테르crown ether와 같은 초분자supramolecule를 활용하면 원리적으로는 가능하다. 특히 일본은 이 방면의 연구에서는 세계 최고 수준이다.

문제는 비용이다. 지표면에 매장된 리튬의 양은 점점 줄어들고, 수소 연료 전지에 사용되는 백금Pt 매장량도 점차 줄어드는 상황이 와서 리튬 가격이 폭등하게 되면, 비용이 들어도 좋으니까 바닷물에서 리튬을 추출하려고 할지도 모른다. 그러면 바다로 둘러싸여 있는 일본에는 좋은 기회가 될 수 있다.

리튬 이온 이차 전지의 원리

1-2

리튬 이온 이차 전지lithium-ion secondary battery가 상품화된 것은 1991년으로, 아직은 새로운 기술의 전지라고 말할 수 있다. 이후 계속 개량되었으며, 일본의 화학자 요시노 아키라는 리튬 이온 이차 전지의 개량에 크게 공헌한 연구 업적으로 2019년에 존 구디너프, 스탠리 휘팅엄과 함께 노벨 화학상을 수상했다. 여기서는 리튬 이온 이차 전지가 어떤 전지인지 알아보자.

리튬 이온 이차 전지의 구조

리튬 이온 이차 전지는 음극과 양극 사이를 리튬 이온Li^+이 이동함에 따라 전기 에너지가 생겨서 충전이 되는 전지를 말한다. 1977년에 개발된 니켈 수소 전지Ni-MH, nickel metal hydride battery는 원자가 이동하는 이차 전지로, 이 경우 가장 작은 원자인 수소H가 이동하면서 전기가 흐르게 된다. 이 내용은 이 책의 7장에서 알아볼 예정이다.

리튬 이온 이차 전지의 기본 개념을 확립하여 2019년 노벨 화학상을 수상한 요시노 아키라 씨(오른쪽)는 이사장으로 재직 중인 기술연구조합 리튬 이온 전지 재료평가연구센터에서 전고체 전지 개발에 힘쓰고 있다. 왼쪽은 해당 프로젝트의 리더인 이시구로 교오 씨, 가운데는 와나부치 미즈에 연구원.

아래의 사진 속 왼쪽은 리튬 이온 전지이며 오른쪽은 개발 단계인 전고체 전지를 들고 있는 미즈에 연구원의 모습. (사진 제공: 교도통신사)

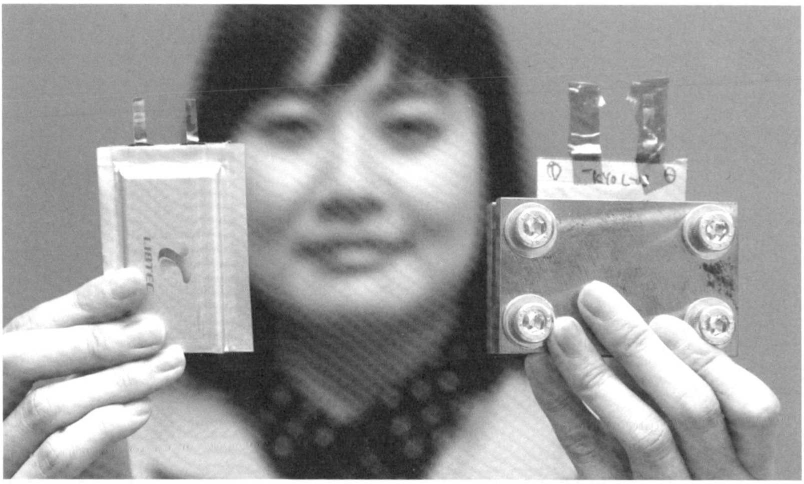

리튬 원자는 수소 원자보다 원자 번호가 크고, 원자 반경은 0.15nm$^{1nm=10^{-9}m}$로 수소 원자의 크기인 0.1nm보다 크다. 하지만 리튬이 이온$^{Li^+}$이 되면 원자의 바깥쪽에 위치한 전자 1개를 잃어버리기 때문에 이온 반경이 작아져서$^{0.06\sim0.09nm}$, 수소 원자 반경의 절반 정도로 작아지게 된다.

리튬 이차 전지의 전지 구조는 다음 페이지의 그림과 같다. 음극은 리튬을 저장하는 탄소$^{저장\ 탄소}$ C이고, 양극은 무기화합물, 코발트산 리튬^{LiCoO_2}의 고체 결정체이다. 저장 탄소는 그 자체로 끈적끈적한 탄소 덩어리이며 리튬을 저장하는 용기로 사용된다. 원자 레벨에서 살펴보면 다공질 물질로써 가운데 비어 있는 공간 안에 리튬을 저장한다. 대부분의 경우, 리튬을 많이 저장할 수 있는 흑연$^{그래파이트,\ graphite}$ 등이 저장 탄소로 사용된다. 그래파이트는 6개의 탄소로 이루어진 6원환 고리가 연속된 벌집 모양과 같은 구조이다. 보통 C_6라고 표기하기도 한다.

한편, 양극으로 사용되는 코발트산 리튬은 무기화합물인데, 결정 구조를 유지한 상태에서 리튬을 자유롭게 결정체 안으로 들이거나 바깥으로 내보낼 수 있다. 따라서 코발트산 리튬도 리튬 저장 용기의 역할을 한다.

전해액으로는 유기 용매가 사용된다. 이것은 나중에 전지의 문제점 중 하나가 되지만, 그 내용에 대해서는 차차 이야기하자.

리튬 이온 이차 전지의 구조

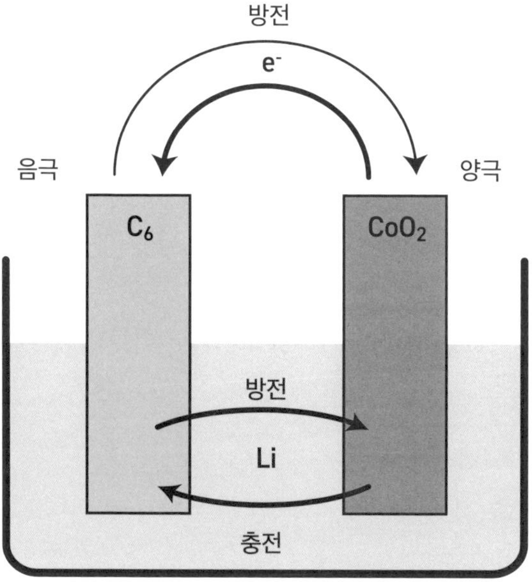

리튬 이온 이차 전지의 기전 및 충전 반응식

$$\text{음극}\quad C_6Li \rightleftharpoons C_6 + Li + e^-$$

$$\text{양극}\quad CoO_2 + Li + e^- \rightleftharpoons LiCoO_2$$

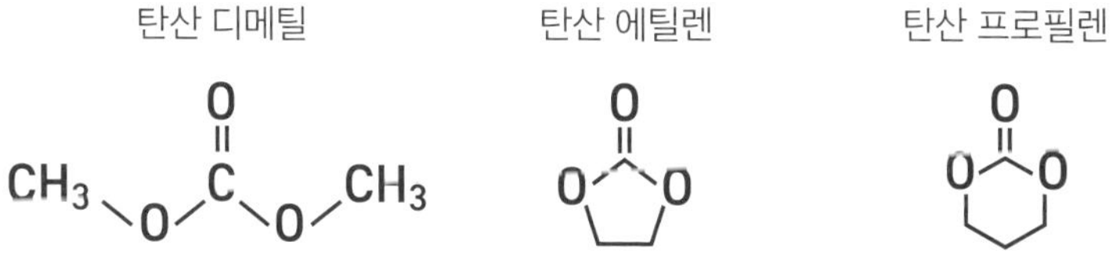

리튬 이온 이차 전지의 기전electric generation과 충전 메커니즘charge mechanism

리튬 이차 전지는 간단한 화학 반응으로 전지가 구동한다. 문제는 $LiCoO_2$ 결정체 안에 들어 있는 리튬 원자가 몇 개나 빠져나가는지인데, 많은 책에서는 이러한 현상을 일반화하여 x개의 리튬 원자가 빠져나간다고 설명하지만, 전지에 대해 잘 알지 못하는 사람들은 이해하기 어려울 것이다. 이 책에서는 간단하게 생각해서 모든 리튬이 $LiCoO_2$ 결정에서 빠져나간 것으로 가정해보자. 즉 리튬이 결정 안에 들어가 있는 상태가 $LiCoO_2$이며 리튬이 빠져나간 상태가 CoO_2라고 생각해보자.

그러면 리튬 전지에서의 화학 반응은 다음과 같이 간단하게 나타낼 수 있다.

음극negative electrode, anode: $C_6Li \rightleftarrows C_6 + Li^+ + e^-$

양극positive electrode, cathode: $CoO_2 + Li^+ + e^- \rightleftarrows LiCoO_2$

방전 반응discharge reaction에서는, 음극인 흑연C_6에서 금속 리튬Li이 빠져나와 리튬 이온Li^+과 전자e^-가 된다. e^-는 외부 회로를 통해 양극으로 이동하며 이것이 전류를 흐르게 하는 역할을 하게 된다. 한편, 이온인 Li^+는 전해액을 통해 양극으로 이동하며, 외부 회로를 통해 따로 이동해 양극으로 들어온 e^-와 결합하여 중성 상태의 금속 리튬이 되어서 $LiCoO_2$코발트산 리튬 결정체 안으로 들어간다.

리튬 이온 이차 전지의 장점과 단점

1-3

리튬 이온 이차 전지는 현대 사회에 없어서는 안 될 정도로 중요해졌으며, 현재 많은 분야에서 사용되고 있다. 탄생한 지 30년 정도 만에 우리 사회에서 필수적인 존재가 되었다는 것은 리튬 이온 이차 전지의 우수성을 잘 나타낸다고 할 수 있다. 리튬 이온 이차 전지에는 많은 장점이 있지만, 단점도 존재한다. 여기서는 리튬 이온 이차 전지의 장점과 단점에 대해서 알아보자.

리튬 이온 이차 전지의 장점

장점들은 다음과 같다.

에너지 밀도energy density가 높다.

현재 실용화된 이차 전지 중에서 가장 높은 에너지 밀도를 자랑한다. 에너지 밀도는 단위 부피 또는 단위 무게당 가지고 있는 에너지의 양을 뜻한다. 중량당 에너지 밀도Weight energy density는 100~243Wh/kg로, 니켈 수소 전지의 중량 에너지 밀도60~120Wh/kg의 2배, 납축전지30~40Wh/kg의 5배 정도로 크다. 이것들은 현재 기술을 기준으로 비교한 것이며, 연구 개발이 진행될수록 이 값은 더욱 높아질 것이라 기대된다. 이렇게 되면 전지의 무게는 더 가벼워질 수 있을 것이다.

또한 부피당 에너지 밀도Volume energy density는 250~676Wh/L이며, 니켈 수소 전지140~300Wh/L의 1.5배, 납축전지60~75Wh/L의 4~5배인데, 이 역시 기술 발전에 따라서 개선될 것으로 예상된다.

기전력electromotive force이 높다.

지금까지의 이차 전지는 전해질electrolyte의 용매가 물H_2O, 수용액이었기 때문에 1.5V 이상의 전압이 걸리면 물이 수소와 산소로 전기 분해가 되었다. 그런데 리튬 이온 이차 전지의 경우에는 물 대신 유기 용매를 사용함으로써 물이 전기 분해되는 전압 이상의 기전력을 얻을 수 있다. 기전력●은 단위 전하당 한 일을 뜻하며, 영문 약어로는 emfelectromotive force로 표기한다. 이는 전지에서 생성되는 전위차를 말하며 SI 단위는 J/C이고 볼트V와 같다.

공칭 전압nominal voltage, 주어진 전압이 변화하거나 허용 오차가 있는 경우 대표적인 값을 나타내는 전압값은 3.6~3.7V로서, 니켈 수소 전지1.2V의 3배, 납축전지2.1V의 1.5배, 건전지1.5V의 2.5배 정도로 높다. 따라서 높은 전압이 필요한 경우 직렬로 연결되는 전지의 사용 횟수를 줄일 수 있기 때문에

● 쉽게 말하자면 기전력은 전류를 끊임없이 흐르게 하기 위해서 전압을 유지해주는 능력이다.

스마트폰이 배터리가 완전 방전되기 전까지 충전이 가능한 이유는 리튬 이온 이차 전지에 메모리 감소 현상이 없기 때문이다. 또한, 자기 방전 또한 적기 때문에 장시간에 걸쳐 사용할 수 있다는 장점을 갖는다.

전지 자체의 중량과 부피를 줄일 수 있다.

메모리 감소 현상이 없다.

니카드니켈-카드뮴 전지 또는 니켈 수소 전지에서는, 전기량이 남아 있는 동안 충전을 하면 후속 충전량이 줄어드는 현상이 발생한다. 그러나 리튬 이온 전지는 그러한 현상이 없기 때문에 언제라도 이어서 계속 충전할 수 있다.

자기 방전self-discharge이 적다.

이차 전지를 충전한 후 사용하지 않고 내버려두면 조금씩 자연적으로 방전되어버리는 현상을 자기 방전이라고 한다. 리튬 이온 이차 전지의 자기 방전은 매월 시간 기준 5% 정도로, 적은 수준이다.

충방전charge and discharge 효율이 좋다.

방전에서 얻는 전기량과 충전에 필요한 전기량의 비율을 충방전 효율, 혹은 쿨롱 효율Coulombic Efficiency이라고 한다. 리튬 이온 이차 전지의 충방전 효율은 80~90% 정도로 비교적 전기 손실이 작기 때문에 축전지storage battery 용도로 적합하다.

◎ 수명이 길다.

500회 이상의 충방전 사이클이 가능하며, 따라서 장시간 사용이 가능하다. 적절하게 사용하면 1,000회 이상도 가능하다.

◎ 고속 충전high speed charge이 가능하다.

정전류constant current로 충방전한 경우, 전지의 이론 용량을 한 시간1h에 완전 충전또는 방전시키는 전류 크기를 1C라고 정의한다. 일반적인 이차 전지의 경우 1C 정도인데, 리튬 이온 이차 전지 중에는 3C, 즉 다른 이차 전지에 비해 3배의 속도인 20분 정도20min에 충전이 가능한 것도 등장하고 있다.

◎ 대전류 방전high current discharge이 가능하다.

지금까지 리튬 이온 이차 전지는 대전류 방전에 적합하지 않다고 알려져 왔지만 기술 개발을 통하여 가능하게 되었다. 현재 산업용 대형 리튬 전지의 경우, 몇백 암페어A의 전류를 방전할 수 있는 제품도 등장하고 있다.

◎ 사용 온도 범위가 넓다.

일반적인 타입이라면 −20~60℃충전 시 0~45℃라는 넓은 온도 영역에서 사용이 가능하다. 다른 이차 전지와는 달리, 전해액으로 수용액을 사용하지 않기 때문에 영하의 추운 환경0℃ 이하에서도 사용할 수 있기 때문이다. 또한 사용 가능한 온도 영역에서는 온도가 올라갈수록 용량이 상승한다. 그러나 고온에 방치하면 열화가 일어나고, 저온에서는 눈에 띄게 방전 능력이 떨어진다.

리튬 이온 이차 전지의 단점

아쉽지만 다음과 같은 단점들도 있다.

사용 영역과 위험 영역이 서로 근접해 있다.

안전성 확보를 위해 충방전을 모니터링하는 보호 회로가 필요할 것으로 보인다. 충전 시에 전압이 상승하는데, 이때 양극 및 음극이 매우 높은 산화 및 환원 상태가 되어서 다른 저전압 이차 전지에 비해 전지 내부의 재료가 쉽게 불안정해지기 때문이다.

무리한 충전에 의한 쇼트가 발생할 수 있다.

급속 혹은 과도하게 충전하게 되면, 양극 쪽에서는 전해액 산화, 결정 구조 파괴로 인한 발열이 일어나며, 음극 쪽에서는 금속 리튬이 분리되어 석출precipitation될 가능성이 있다. 이렇게 되면 양극과 음극이 직접 연결되어 회로 쇼트short circuit가 발생하고, 최악의 경우 파열 및 발화될 수 있다. 따라서 충전 시에는 아주 정밀한 전압 제어가 필요하다.

과방전over discharge이 되면 이차 전지 기능이 상실된다.

과방전이 일어나면 양극인 코발트가 용출elution되거나 음극에서 전자를 모아주는 역할을 하는 집전체 구리동박, copper foil가 용출되어 이차 전지로서의 기능을 못하게 되고, 전지의 이상 발열로 이어질 수 있다.

유기 용매가 휘발될 가능성이 있다.

전해질 용액[전해액]의 유기 용매가 휘발되거나[volatilization], 외부 충격에 의해 전해액이 누출될 가능성이 있다. 이 경우 발화 사고로 이어질 위험이 있기 때문에 외부 충격에 대한 보호 장치가 필요하다.

1-4 리튬 이온 이차 전지의 과제

리튬 이온 이차 전지는 현재도 계속 개량되고 있는, 이른바 개발 진행형 전지developing battery라고 할 수 있다. 따라서 아직은 완벽한 전지라고 말할 수 없으며, 앞에서 이야기한 여러 가지 문제들을 해결해나가야 한다.

소재 문제

리튬 이온 이차 전지에 사용되는 다양한 재료에 대해 알아보자.

음극 재료●

탄소계 재료가 일반적이며 주로 흑연이 사용되고 있지만 타이타늄산 리튬$Li_4Ti_5O_{12}$을 사용한 재료도 사용되고 있다. 이것은 코발트산 리튬과

● 음극재는 전지의 충전 속도와 수명에 영향을 주며, 최근에는 차세대 음극 재료로서 실리콘 재료도 주목을 받고 있다.

마찬가지로 리튬이 들어가고 나올 수 있는, 즉 리튬 저장이 가능한 무기물 결정체이다.

양극 재료[●]

현재 사용 중인 재료는 코발트산 리튬 $LiCoO_2$이 대부분이고, 코발트Co를 니켈Ni, 망간Mn 등으로 대체한 재료도 사용되고 있다.

전해질electrolyte

일반적으로 유기 용매에 다음과 같은 리튬염lithium salt, $LiPF_6$, $LiBF_4$, $LiClO_4$ 등을 1몰mol 농도 정도로 용해한 유기 전해액을 전해액, 즉 전해질로 사용하고 있다. 유기 용매로는 탄산디메틸, 탄산에틸렌, 탄산프로필렌 등이 사용된다. 그리고 액체가 아닌 젤gel 형태의 고분자폴리머, 플라스틱를 사용한 리튬 이온 폴리머 전지도 있는데, 이 전지는 얇고 가벼우며 형태를 자유롭게 변형할 수 있는 장점이 있지만 전지로서의 성

● 전지는 양극재, 음극재, 전해질, 분리막으로 구성이 되어 있는데, 이중에서 전지 제조 원가에 가장 큰 비중을 차지하는 것은 양극재이며, 전체 원가의 30~50%를 차지한다. 양극재는 전지의 용량과 출력을 결정하며, 전구체 물질에 리튬을 집어 넣어서 제조한다. 이 전구체는 보통 코발트, 니켈, 망간으로 구성이 되어 있으며, 3가지 원료를 사용해서 만들었다고 해서 이렇게 제작된 전지를 3원계 전지라고 한다. 알려진 3원계 전지는 코발트, 니켈, 망간을 조합해서 만든 NCM전지가 있고, 니켈, 코발트, 알루미늄을 조합한 NCA전지가 있다.
또한 인산과 철의 2가지 원료로 전구체를 구성한 2원계 전지도 알려져 있는데, 인산철 전지, 혹은 LFP전지라고 불리우며, 주로 중국에서 주도하고 있다.
3원계 전지는 높은 전기 저장 능력과 출력에 중점을 두고 있으나, 안정성 문제가 있으며, 비싼 금속들을 사용하기 때문에 생산단가가 높다. 반면 2원계 전지는 값이 싼 철을 사용하므로 상대적으로 저렴하며, 철이 갖는 특성으로 비교적 안정성이 높지만 에너지 밀도가 낮아서 전기 저장 용량은 작다.

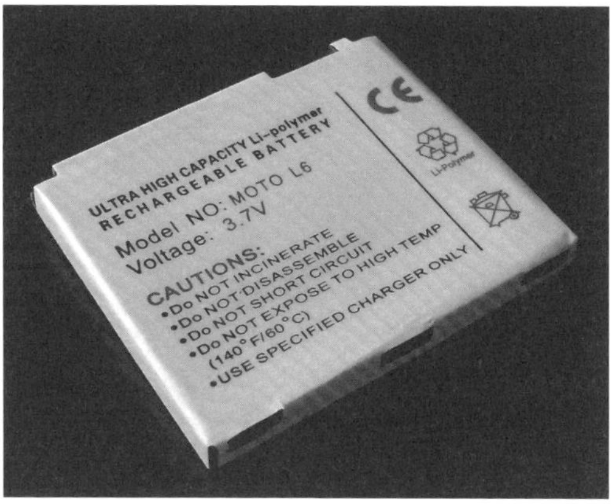

리튬 이온 폴리머 전지의 일례. 얇고 가벼우며 형상을 자유롭게 조절할 수 있다는 점에서 가볍고 얇은 디지털 카메라 배터리 용도로 사용되고 있다. 일본에서 유통 중인 배터리에는 'Li-polymer' 라는 표시 또는 마크가 프린트되어 있다.

(출처: Wikipedia)

능은 약간 떨어진다.

세퍼레이터separator, 분리막●

폴리에틸렌 또는 폴리프로필렌 등의 플라스틱으로 만들어진 두께 25마이크로미터μm 정도의 막에 직경diameter 1마이크로미터μm 이하의 작은 구멍을 뚫은 것이 사용된다.

리튬 이온 이차 전지의 문제점

보잉 787 항공기가 처음 취항했을 때, 비행기 안에 있는 전기 계통 부품의 문제가 빈번하게 발생했다. 원인은 모두 리튬 이온 이차 전지에서 불이 난 것이었다. 그 이전에도 노트북 PC에 사용되는 리튬 이온 전지에서 불이 나서 노트북 PC 제조업체들이 수백억 엔에 이르는 손

● 세퍼레이터(분리막)는 이차 전지에서 양극과 음극을 분리하여, 전극 간의 전기 접촉을 막아주는 역할을 한다.

실을 입은 적이 있었다.

이러한 문제의 가장 큰 원인은 전해액이다. 유기 용매에 불이 쉽게 나는 특성, 즉 연소가 잘 되는 특성이 있기 때문이다. 게다가 현재 사용되는 유기 용매는 카보닐산carbonic acid 계열로 분자 내에 산소 원자를 3개나 가지고 있다. 이 때문에 연소성combustibility이 높은 것이다.

리튬 이온 전지는 현대 사회에 없어서는 안 되는 전지이지만, 한편으로는 반드시 해결해야 하는 문제를 안고 있다.

이상적인 전지는 무엇인가?

1-5

전자제품의 소형화와 휴대화, 내연기관 자동차에서 전기 자동차로 이동, 나아가 재생 에너지의 대두에 따른 전기 에너지 저장 문제 때문에 전지, 특히 이차 전지와 축전지에 대한 수요는 앞으로도 높아지리라 예상된다. 이와 동시에 고성능화, 초소형화, 안전성 그리고 저렴한 가격의 전지에 대한 시장의 요구도 높아질 것이다. 그렇다면, 시장에서 요구하는 이러한 성능을 모두 충족하는 전지는 어떤 종류의 전지일까? 그리고 그런 이상적인 전지ideal battery는 언제쯤 실제로 만들 수 있을까?

이상적인 성능

우선 전지의 성능 먼부터 생각해보자. 앞에서 이야기한 리튬 이온 이차 전지의 특징 중에서 그 힌트를 찾아볼 수 있다. 장점을 극한까지 끌어올릴 수 있다면 다음과 같은 성능을 실현할 수 있다.

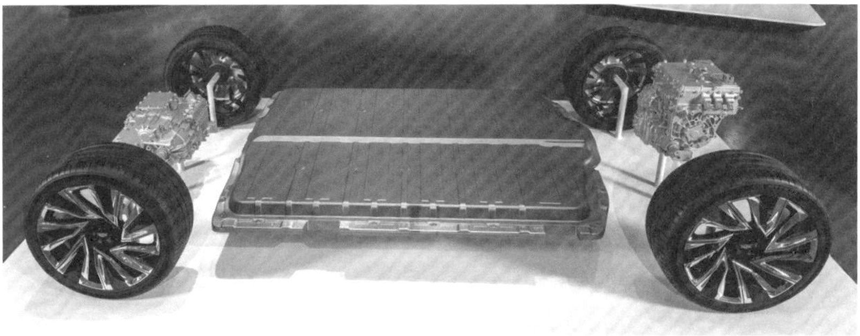

◉ 미국의 제너럴모터스(GM)는 배터리 가격 절감과 긴 주행 거리를 충족하기 위해 '월리스 배터리 셀 이노베이션 센터'라는 전문 시설을 설립했다. 제너럴모터스는 2020년 3월에 Ultium(얼티움)이라고 불리는 리튬 이온 전지와 해당 플랫폼을 발표했으며 2035년까지 모든 차종을 전기 자동차(EV)로 전환하겠다고 발표했다. 위 사진은 실제 시설 모습이며 가운데 사진은 Ultium 발표 당시의 사진이다. (출처: 제너럴모터스)

• 높은 에너지 밀도
• 높은 기전력
• 높은 충전 및 방전 효율
• 고속 충전
• 개선된 메모리 효과
• 자기 방전의 최소화
• 대전류 방전의 가능

이러한 성능을 개선하려는 시도는 계속해서 이어지고 있으며, 현재도 리튬 이온 이차 전지는 개량을 거듭할 때마다 이러한 점들을 계속 개선하고 있다. 그러나 기전력 문제는 사용하는 금속의 조합에 의해서 결정되기 때문에 좀 더 높은 전압을 원한다면 리튬 이외의 다른 금속을 사용할 필요가 있으며, 한 단계 높은 기적과도 같은 기술 개발, 즉 브레이크스루breakthrough가 필요하다.

이상적인 안전성

전지의 안전성은 매우 중요하다. 아무리 뛰어난 성능을 가진 전지라도 안전하지 않으면 쓸모가 없다. 초기 리튬 이온 이차 전지를 탑재한 노트북 PC에서 발생한 잦은 화재 사고는 리튬 이온 이차 전지의 안전성에 대한 불안감을 키웠다. 그 후 발생한 보잉 787 여객기 화재의 주 원인 또한 리튬 이온 이차 전지였다. 이러한 사고가 발생하면 '언젠가 또 다른 사고가 일어날 수 있겠지'라는 불안감을 지울 수 없게 된다.

전지는 전기를 취급하는 기기이기 때문에 쇼트short-circuit가 일어날 수 있다. 쇼트가 일어나면 발열이 일어나고 발화된다. 쇼트가 일어날 때 가연성 유기물이나 기체가 있으면 화재가 발생할 수 있는데, 이런 일이 있어서는 절대로 안 된다.

어쩌면 '이상적인 전지'는 성능이 좋은 전지를 의미하는 것이 아니라, 절대로 화재나 사고를 일으키지 않는 '안전한 전지'라는 의미를 담고 있을지도 모른다. 전지의 위험성은 발화, 화재뿐만이 아니다. 화학 전지 내부에서는 화학 반응이 일어나고 있다. 화학 반응은 조건이 예측하지 못한 방향으로 변화하면, 생각지도 못한 유독성 기체 같은 화학 물질을 발생시킬 수 있다. 전지를 사용할 때는 이런 위험성을 항상 염두에 두어야 한다.

이상적인 환경 보호

전지에는 다양한 금속과 화학 물질이 사용된다. 이 중에는 수은, 카드뮴, 납 등 인체에 유해한 금속도 포함되어 있다. 전지는 사용을 시작하면 언젠가는 노후화되어 폐기된다. 그때 이러한 유해 물질들이 누출되는 일이 없도록, 즉 환경 오염이 되지 않도록 세심한 주의를 기울여야 한다.

사실 환경 오염을 일으키는 소재는 애초에 사용하지 않는 것이 더 좋을 것이다. 원소 속에는 귀금속 원소처럼 원래 지각 중에 존재량이 적은 것도 있다. 이러한 희귀 원소를 사용하는 전지도 바람직하지는 않다. 왜냐하면, 자원 고갈이라는 문제가 기다리고 있기 때문이다.

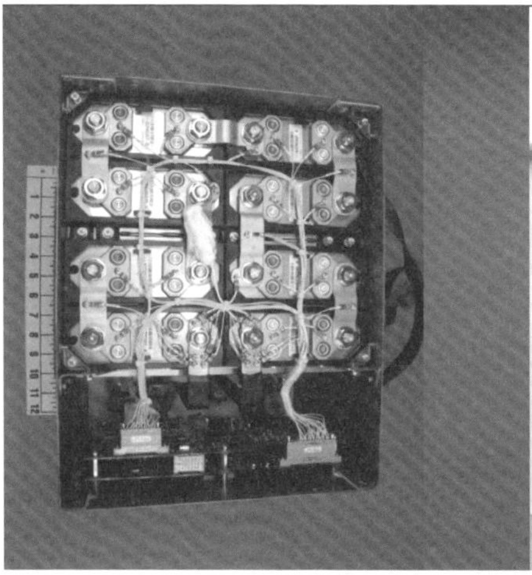

사진 속 배터리는 2013년에 발생한 JAL 비행기 보잉 787 화재 사고 후 회수된 리튬 이온 이차 전지의 모습이다. 배터리의 원래 상태와 사고 후의 상태를 비교해보면 배터리가 어느 정도 망가졌는지 알 수 있다(사진 참조). 이 사고 때문에 전 세계 8개 회사에서 약 50대(그 중 JAL이 7대, ANA 17대)의 운행이 보류되었다. 아래 사진은 하네다에서 운항이 중지된 ANA 항공기.

(출처: Wikipedia)

이상적인 가격

아무리 성능이 좋고 안전해도 가격이 비싸면 구매해서 사용하기 힘들다. 금과 백금으로 고성능 전지를 만든다 해도, 이 전지를 사용한 자동차 가격은 당연히 고가일 것이며 이러한 비싼 자동차를 구매하는 사람이 없다면 그 전지에 대한 시장의 수요는 생기지 않을 것이다. 그러므로 성능 대비 비용, 즉 가성비cost-effectiveness 또한 매우 중요한 요소이다. 그리고 제조하기도 쉬워야 한다.

민간용 태양 전지는 실리콘규소 반도체를 사용한 실리콘 태양 전지인데, 가격이 고가인 이유는 실리콘 가격 때문이다. 실리콘은 지각에 존재하는 원소 중 산소에 이어 두 번째로 매장량이 많다. 자원 고갈의 걱정은 전혀 없다고 봐도 좋다. 그런데 왜 가격이 비쌀까? 그 이유는 태양 전지에 사용되는 실리콘은 세븐나인seven-nine, 즉 99.99999%의

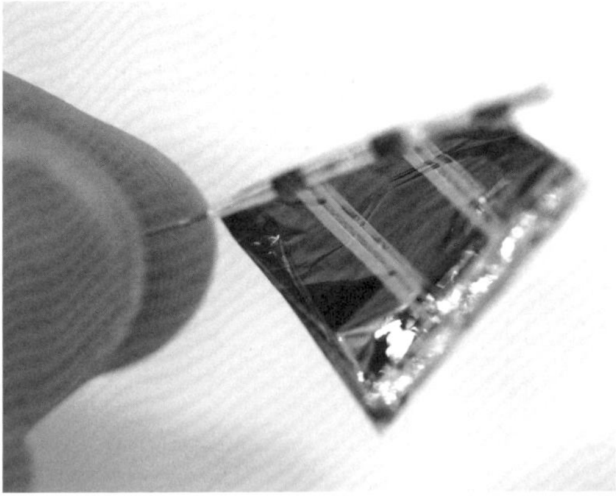

제작 방법이 간단하며 생산 비용 또한 저렴하다는 장점을 가진 유기 태양 전지. 변환 효율과 내구성이 낮은 점이 다소 아쉬웠는데, 2020년, 일본의 이화학연구소가 기존 에너지 변환 효율의 1.2배, 장기보관 안전성은 15배 개선시킨 초박형 유기 태양 전지를 개발하는 데 성공했다고 발표했다. 앞으로가 더 기대되는 분야라고 할 수 있다. (사진 제공: 이화학연구소)

아주 높은 순도가 요구되기 때문이다. 이러한 태양 전지용 고순도 실리콘을 만들기 위해서는 고도의 정제 설비를 갖춘 공장과 대량의 전력이 필요하다. 가격이 높아지는 것은 어쩔 수가 없다.

태양 전지 분야에 유기 태양 전지가 나타난 것처럼, 이상적인 전지로서 유기 전지가 나타날 수도 있다. 유기 전지라면 간단하게 소규모 공장에서 저렴한 유기 원료를 사용하여 대량 생산이 가능할 것이다.

2장

전고체 전지는 무엇인가?

전고체 전지(all solid-state battery)는 현재의 리튬 이온 이차 전지의 액체형 전해질을 고체형 전해질로 대체한 것이다. 전해질을 액체형에서 고체형으로 교체하면, 발화 위험성을 완전히 제거할 수 있고 동시에 내열성이 개선되며 전지의 중량 및 부피 대비 에너지 밀도가 높아져서 뛰어난 성능을 가지게 된다.

전기 에너지의 미래

2-1

최근 들어 세계 기후 변화가 심각해지고 있다. 전에 없던 집중호우와 홍수가 각지에서 발생하고, 빙하가 녹아내려 극지방의 염분 농도가 낮아짐에 따라 바닷물의 비중이 낮아졌다. 이 때문에 그린랜드 앞바다에서 심해의 바닷물 흐름이 정체되면서 수천 미터에 이르는 바닷물이 위아래로 섞이는 이른바 해양대순환oceanic general circulation이 제대로 일어나지 않고, 바닷물 표면은 물론 육지 온도에까지 영향을 주고 있다.

탄소 중립carbon neutrality

위와 같은 현상의 원인에 대해 정확하게 밝혀진 바는 없지만, 지구 온난화를 지적하는 목소리가 높다. 지구 온난화는 화석 연료가 연소할 때 발생되는 이산화탄소의 양이 늘어나기 때문이라고 알려져 있다. 이산화탄소는 바닷물 속에 엄청난 양이 녹아 있는데, 기체의 물에 대한 용해도는 온도가 상승하면 낮아지게 된다. 즉 기온이 상승하면 바닷물

2050년 탄소 중립화 실현을 위한 14개 주요 항목

1. 해상 풍력, 태양광, 지열		2. 수소, 연료 암모니아
2040년, 3400~4500만 kW 제안(해상 풍력)	2030년, 차세대 태양 전지(14엔/kW 가격 가능)	2050년, 2천만 톤 정도의 수소 도입 동남아시아 5천억 엔 시장(연료 암모니아)
3. 차세대 열 에너지	**4. 원자력**	**5. 자동차, 축전지**
2050년, 기존 인프라에 합성 메탄 90% 이상 도입	2030년, 고온 가스로서 탄소 프리 수소 제조 기술 확립	2035년, 승용차 중 신차 판매를 100% 전기 자동차로
6. 반도체, 정보통신	**7. 선박**	**8. 물류, 인류, 토목 인프라**
2040년, 반도체, 정보통신 산업의 탄소 중립화	2028년 이전까지 저탄소 상선 운행 실현	2050년, 일본 항만, 건설 시공에서 탄소 중립화 실현
9. 식료, 농림수산업	**10. 항공기**	**11. 탄소 재활용 소재**
2050년, 농림수산업에서 화석 연료 기반 이산화탄소 제로화 실현	2030년까지 전지 등의 기술을 항공기에 단계적으로 탑재	인공 광합성을 이용한 플라스틱 재료 합성 실현 탄소 제로화 철강 생산
12. 주택, 건축물, 차세대 전력	**13. 자원 순환 관련**	**14. 라이프 스타일 관련**
2030년까지 신축 주택과 건축물의 제로 에너지화 실현	2030년, 바이오 플라스틱 약 2천만 톤 도입	2050년, 탄소 중립화 완료에 기반한 탄력 있고 쾌적한 생활 가능

속의 이산화탄소의 용해도가 낮아져서 대기 중으로 이산화탄소가 나오게 된다.

대기 중 이산화탄소 농도가 높아진 것은 확실한데 공기 중 이산화탄소 농도의 상승에 의해 기온이 올라간 것인지, 아니면 기온이 오른 탓에 바닷물 속 이산화탄소가 기화되어 공기 중 이산화탄소 농도가 올라갔는지 그 인과 관계는 아직 불분명한 상태이다.

어쨌든 이러한 세계적인 흐름을 타고, 일본 정부는 2050년까지 탄소 중립을 완료하겠다고 선언했다. 탄소 중립이란 인간의 사회활동으로 발생하는 탄소량을, 즉 이산화탄소의 양을 0제로으로 만들겠다는 의미이다. 즉, 우리의 생활에서 이산화탄소 배출량을 줄이겠다는 뜻이 확고하다. 간단하게 말하면 2050년까지 화석 연료 사용량을 0제로으로 만들겠다는 뜻이다.

대체 에너지

현대 사회는 에너지로 작동하고 있다고 해도 과언은 아니다. 컴퓨터로 이메일 한 통을 보내는 일도 전기 에너지가 있어야 가능하다. 이러한 전기 에너지는 발전소에서 만들어진다. 발전소에서는 어떻게 전기 에너지를 만들고 있을까? 수력 발전, 화력 발전, 원자력 발전 또는 풍력 발전, 태양 전지 등 다양한 재생 에너지가 있다. 그러나 이 중에서 화석 연료를 사용한 화력 발전에서 생산하는 발전량을 제외하면, 다른 발전 방법을 통해서 생산되는 전력량은 대략 예상이 가능하다.

수소 에너지

이러한 에너지 가운데 주목을 받는 것이 수소 에너지이다. 수소 분자 H_2는 2개의 수소 원자 H가 결합해서 만들어진 분자이며 상온 상압에서 기체 상태로 존재한다. 수소 분자는 비중이 공기의 0.07 정도로 매우 가벼운 기체인데 연소성이 좋아서 불이 붙으면 대폭발을 일으킨다.

그만큼 연소에 의해 발생하는 반응 에너지연소열가 크며, 석유나 천

CO_2 배출량 ZERO를 향한 움직임

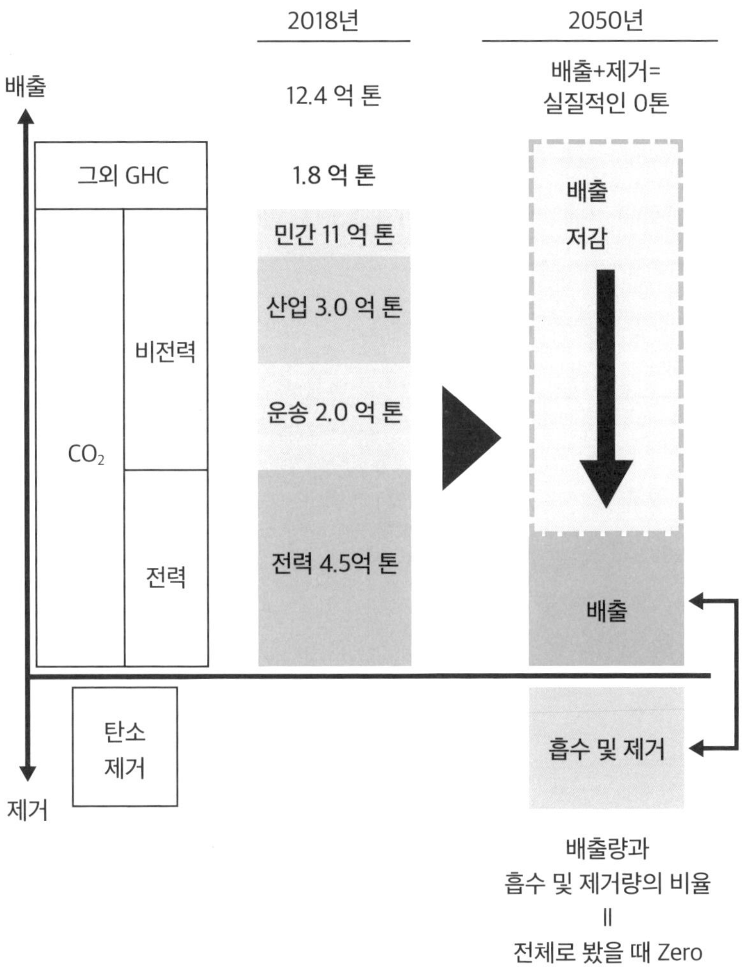

연가스 메탄, CH_4 와 맞먹는 에너지를 발생시킨다. 이러한 수소 에너지와 재생 에너지를 이용해서 전기 에너지를 만들어 석유와 석탄 같은 화석 연료 에너지를 대체하려고 하는 게 정부의 의도 같다. 에너지를 직접 사용하는 산업 현장에서는 화석 연료 에너지를 사용하지 않고 어떻게 전기 에너지를 조달할 수 있을지 고민하고 있다고 한다.

이에 현재 주목받고 있는 것이 수소를 연소시켜 전기 에너지를 얻는 수소 연료 전지와 발전소에서 대량 생산한 전기 에너지를 효율적으로 저장하여 사용하는 이차 전지이다.

이차 전지는 '전기 에너지를 공급하는 일반적인 전지'의 기능 외에도 '남아 있는 전기 에너지를 저장하는 축전지'라는 이중 효과를 가지고 있다. 풍력 발전이나 태양 전지의 발전 능력은 그때그때 상황에 따라 달라진다. 맑은 날에는 태양광 발전소가 가동을 하지만, 날씨가 흐리거나 비가 오면 가동을 멈춘다. 따라서 맑은 날에 전력을 생산해서 축전지에 저장한 다음에, 비가 오거나 흐릴 때 축전지에 저장된 전기 에너지를 사용하는 방법이 바로 축전지의 특성을 활용한 방법이다. 전기 에너지의 곤란한 점은 이러한 에너지 저장성이 없다는 것으로, 그러한 문제점을 해결해줄 수 있는 게 바로 이차 전지이다.

전고체 전지 개발의 역사

2-2

앞에서 언급했듯이, 세계 최초의 화학 전지는 1800년에 발명된 볼타 전지이다. 그리고 실용적인 화학 전지인 다니엘 전지가 발명된 것은 1836년이다. 충전이 가능한 이차 전지가 발명된 시기는 1859년으로, 전지가 사용되고 나서 불과 20년 정도밖에 되지 않은 시점이었다.

볼타 전지에서 건전지로

일반적인 전지충전할 수 없는 일차 전지와 충전이 가능한 이차 전지는 서로 유기적인 상호 관계를 이루며 발전되어왔다.

전지 안에는 전해질이라는 '액체'가 포함되어 있는데, 이 전해질 액체는 운반할 때나 저장할 때 증발, 분해, 액체 누출, 용기 파손 등의 여러 가지 문제를 일으키는 주원인이다. 이러한 문제를 해결하기 위한 방법으로 고안된 것이 건전지dry battery였다. 건전지의 원리는 단순하다. 액체 상태의 전해질을 농축해서 졸sol 상태로 만든 것이다. 이렇게

◉ 2021년 9월 말에 개최된 '국제 이차 전지 전시회'에서 일본특수도업이 전시한 전고체 전지(도요타 전기 자동차 탑재)에 많은 사람들이 모여 관람했다. 일본특수도업은 ispace가 진행하고 있는 민간 달 표면 탐사 프로그램 'HAKUTO-R'에 협력사로 참여하고 있다. 앞으로 우주 탐사에서의 전고체 전지 활용이 기대되고 있다.

간단한 원리로 만든 건전지가 사람들에게 얼마나 큰 편리함을 가져다 주었는지는 말할 필요가 없다. 그러나 건전지의 전해질은 액체를 고체에 흡착시킨 것이라서 건전지를 고체 전지라고 분류할 수는 없다.

고체 이차 전지

이처럼 지금까지의 전지는 일차 전지와 이차 전지를 불문하고 전해질이 액체이기 때문에 액체로 인해 발생하는 문제를 해결해야만 했다. 전해질을 고체로 만드는 것은 연구자들에게 오랜 꿈이자 과제였다. 가장 큰 문제는 전해질의 이온 전도성인데, 고체 상태이면서 이온 전도성이 높은 물질을 개발하기가 어렵다는 것이었다. 1831년경에 마이클 패러데이 Michael Faraday 가 황화은 Ag_2S 과 불화납 PbF_2 이 고체 전해질로서의 기능이 있다는 사실을 발견했지만, 그 이상의 발전은 없었다.

하지만 최근 전기 자동차의 보급과 함께 각국에서 고체 전지에 대한 요구가 높아지고 있으며, 그에 따라서 고체 전해질의 개발이 활발해지고 있다. 최근에는 고체 전해질, 나아가 고체 전지의 실용화를 위해서 자동차 제조업체와 전기 제조업체들이 적극적으로 고체 전해질 연구 개발에 투자하고 있다.

블루카 발표

1950년대 후반에 몇몇 전기 화학 시스템에서 음이온을 이용한 고체 전해질을 적용하였다. 그러나 에너지 밀도와 기전력이 낮고 내부 저항이 높은 문제가 있어서 생각만큼의 성과를 얻지 못했다. 그러던 중 1990년대에 들어서면서 미국 오크리지 국립연구소가 개발한 새로운 형태의 고체 전해질이 발표되었고, 이를 이용해서 박막 리튬 이온 전지가 개발되었다.

2000년대가 되자 자동차 회사, 운송 기업 및 개발자들이 고체 전지에 관심을 갖기 시작했다. 그리고 2011년에는 프랑스 기업인 볼로레Bolloré 사가 '블루카Bluecar'라는 전기 자동차를 발표했다. 블루카는 리튬염lithium salt을 유기 고분자에 융해시킨 '고분자 전해질'을 사용한 전기 자동차로, 이차 고체 전지를 실험적으로 적용했다. 2012년에는 도요타 자동차도 전기 자동차electric vehicle, EV 시장에서 경쟁력을 유지하기 위해 전기 자동차에 필요한 고체 전지에 관한 실험적 연구를 시작했다. 폭스바겐은 고체 전지 기술을 전문으로 하는 소규모 기술 회사와의 제휴를 시작했다.

최근의 발전

일련의 기술적인 혁신breakthrough이 일어난 시기는 그다음이었다. 2013년에는 미국 콜로라도 대학교 연구자들이 철Fe-황S 화합물을 기반으로 한 고체 복합 양극을 가지는 고체 리튬 전지를 개발해 기존 전고체 전지에 비해 높은 에너지 용량을 가질 수 있음을 보여주었다.

이어서 2014년에는 미국 미시간주의 한 기업 연구원이 자체적으로 개발한 고체 리튬 이온 이차 전지로 더 높은 에너지 밀도와 저비용을 실현했다고 발표했으며, 다이슨Dyson이 이 기술을 9,000만 달러에 인수했다.

2017년에는 리튬 이온 이차 전지의 공동 발명자인 구디너프Goodenough가 유리 전해질glass electrolyte과 리튬, 나트륨Na, 칼륨K과 같

2011년 프랑스 볼로레가 발표한 시범 차량인 '블루카'. 볼로레는 원래 물류가 주력이지만 전기 자동차와 플라스틱 등으로 다양한 사업을 전개하고 있으며 블루카의 전기 자동차 시스템도 볼로레가 자체 개발했다. 차체는 페라리 디자인으로 알려진 이탈리아의 피닌파리나가 만들었다. 블루카는 프랑스의 파리시가 진행한 자동차 대여 서비스인 '오토립' 전용 차량으로 사용되며 주목받았다. (출처: Wikipedia)

은 자원량이 풍부하고 가격이 저렴한 알칼리 금속을 음극으로 사용한 전고체 전지를 발표했다.

기업 간 경쟁

2017년 도요타는 파나소닉과 고체 전지에 관한 공동 연구를 실시한다고 발표했다. 도요타는 예전부터 전고체 전지 연구를 진행해왔기 때문에 관련 특허를 많이 보유하고 있다. 그러나 다른 자동차 회사들도 독자적으로 고체 전지 기술을 개발하면서 고체 전지 개발 경쟁에 가세하고 있으며, BMW, 혼다, 현대자동차, 닛산 등 그 수는 계속해서 늘고 있다. 미국의 전기차 스타트업 회사인 피스커Fisker는 1회 1분 충전으로 800km 이상의 주행 거리 구현이 가능한 전고체 전지 특허를 신청했다고 발표했지만 실제 제품 출시는 이루어지지 않았다. 2020년에는 도요타가 '2020년대 초중반에 전고체 전지를 실용화하겠다'고 선

중국의 테슬라라고 불리는 NIO가 발표한 세단 타입의 신형 전기 자동차 'eT7'. eT7 라인업 중 하나로 전고체 전지를 사용한 모델이라고 한다. (출처: NIO 공식 Web)

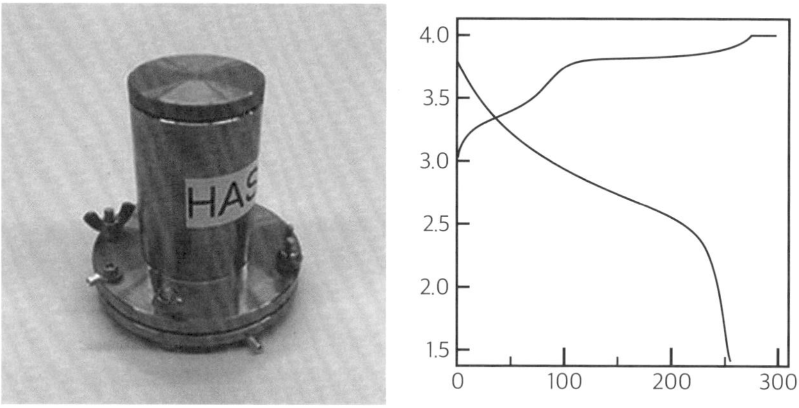

소프트뱅크는 스미토모화학, 도쿄공업대학과 함께 차세대 전지 개발에 힘쓰고 있다. 사진은 2021년 11월에 발표한 전고체 전지 셀과 용량 실험 결과이다. 소프트뱅크는 질량 에너지 밀도(Wh/kg)가 높고 가벼우며 안전한 차세대 전지 연구 개발 및 조기 실용화 추진을 위해 전 세계의 다양한 차세대 전지를 평가, 검증하는 시설인 '소프트뱅크 차세대 전지 Lab'을 2021년 6월에 설립하고, 차세대 전지 시스템 도입을 목표로 연구 개발을 추진 중에 있다.

(출처: 소프트뱅크 발표)

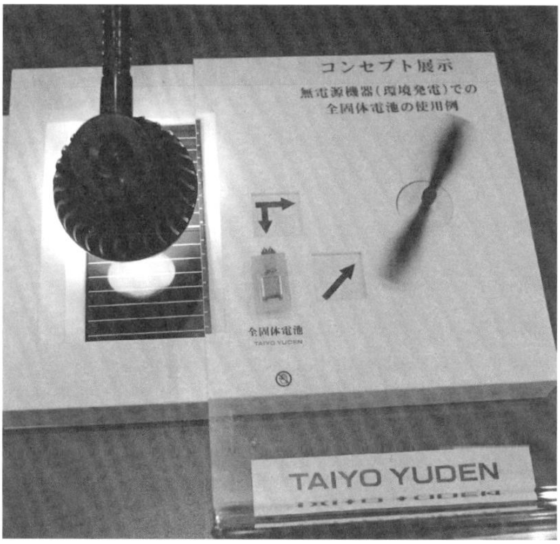

Taiyo Yuden이 2018년에 개최한 이벤트에서 전시한 태양 전지와 해당 전지를 통해 만들어진 전기를 전고체 전지에 저장하는 소형 기기. (사진 제공: 교도통신사)

언했으며, 폭스바겐은 2025년, 닛산은 2028년을 목표로 하고 있다고 발표했다. 그러던 중, 2021년 1월 중국의 자동차 벤처 기업인 NIO니오가 신형 세단 자동차 라인업에 전고체 전지를 탑재한 전기 자동차 모델을 포함했으며 2022년에 출하 예정이라고 발표했다. 또한, 무라타 제작소는 2021년 내에 전고체 전지 양산을 시작할 예정이며 여러 회사에서 생산되는 산업용 기계장치에 전고체 전지가 부품으로 채택되었다고 밝혔다.

이처럼 전고체 전지 개발 연구는 많은 기업에서 마무리 단계에 와 있기 때문에 조만간 시장에 전고체 전지 제품이 일제히 선보일 것으로 예상된다.

2-3

전고체 전지 원리와 구조

전고체 전지는 단순히 고체 전지를 말하는 것은 아니다. 사실 간단히 생각해보면, 두 가지 형태의 반도체와 두 개의 전극으로 만들어지는 태양 전지가 이상적인 전고체 전지라고 말할 수 있다. 그러나 태양 전지를 전고체 전지로 분류하지는 않는다. 물론 기존 건전지나 버튼형 전지도 전고체 전지는 아니다.

전고체 전지는 무엇인가?

전고체 전지는 새로운 형태의 리튬 이온 이차 전지를 말한다. 여기서 새로운 형태란 전해질이 액체가 아니고 고체라는 의미인데, 즉 전지 내부에 액체가 없고 양극과 음극 사이에 고체 형태의 '전해질 세퍼레이터층기존 세퍼레이터와는 다른 고체 전해질이 세퍼레이터 역할을 한다'만이 존재하는 이차 전지를 말한다.

용액계 전지와 전고체 전지의 차이

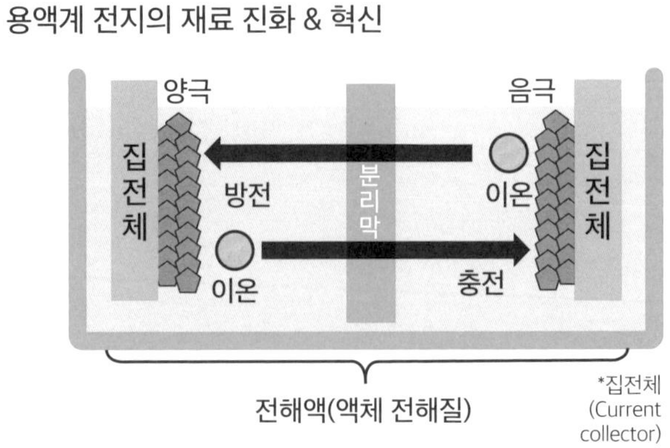

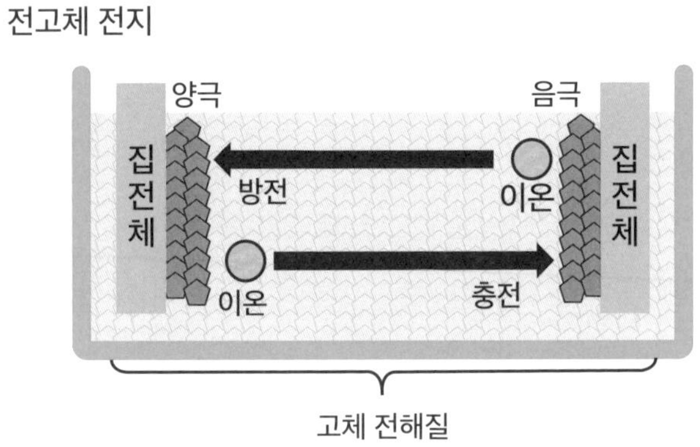

기존 리튬 이온 이차 전지와의 차이점

따라서, 전고체 전지의 원리와 구조는 기본적으로 앞에서 소개한 리튬 이온 이차 전지와 완전히 똑같다. 기존 리튬 이온 이차 전지의 경우, 양극에 $LiCoO_2$, 음극에 흑연 등의 탄소계 재료를 사용하는데 전고체 전지도 마찬가지이다.

차이점은 현행 리튬 이온 이차 전지가 전해액을 사용하는 데 반해 전고체 전지의 경우 전해액이 아닌 '고체 전해질'을 사용한다는 점이다.

그러나 현재로서는 양산 기술이 일부만 완성된 단계라서 본격적으로 사용되지는 못하고 있다. 최근에 전기 자동차EV 보급이 활발해지면서 이차 전지의 안전성도 주목을 받고 있으며, 자동차 제조업체, 전지 제조업체 사이에서 연구 개발이 활발하게 이루어지고 있다.

특히 전기 자동차의 확산 및 보급을 위해서는 현재 사용 중인 리튬이온 이차 전지는 주행 거리와 충전 시간 등 해결해야 할 과제들이 남아 있다. 그렇기에 전고체 전지에 대한 기대가 더욱 크며, 실용화를 향한 개발이 활발히 진행되고 있다.

전고체 전지의 종류

2-4

현재 개발 중인 전고체 전지는 '벌크형 전고체 전지bulk-type all solid-state battery'와 '박막형 전고체 전지thin-film all solid-state battery'로 분류할 수 있다.

벌크형 전고체 전지의 특징

벌크형 전고체 전지는 일반적인 리튬 이온 이차 전지와 구조적으로는 비슷하지만, 전해질로서 액체 전해액이 아닌 고체 전해질을 사용한다. 따라서 실용화를 위해서는 높은 도전율conductivity을 가지며, 또한 만들기 쉬운 고체 전해질의 개발이 필수적이다.

박막형 전고체 전지의 특징

일반적으로 액체에 비해 이온의 이동도가 느린 고체를 전해질로 사용하면 전지의 내부 저항이 커진다. 내부 저항을 줄이려면 이온의 이동

벌크형과 박막형의 구조

벌크형

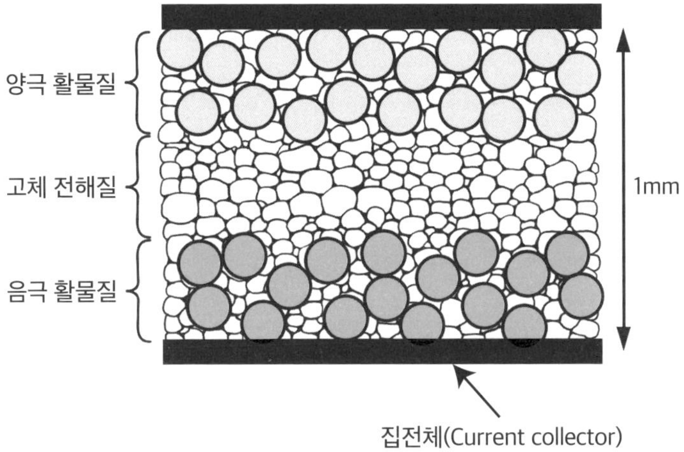

박막형

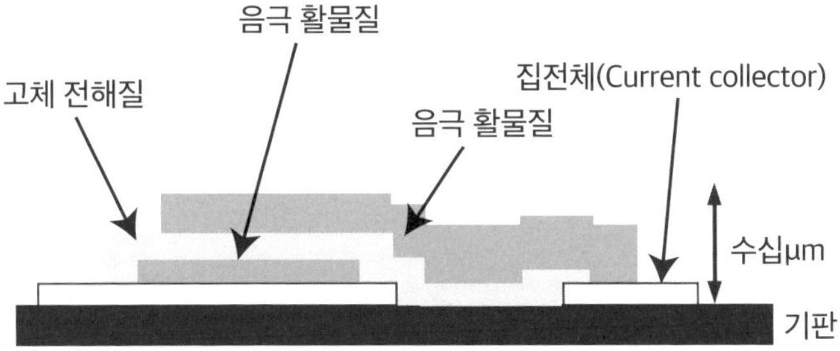

거리를 줄여야 하는데, 예를 들어 전지를 슬림하게 만드는 방법이 있다. 이러한 발상으로 박막형 전지가 개발되었다. 이미 실용화되어 있으며, 뛰어난 충방전 사이클 특성을 가지는 것이 확인되었다. 박막형 전지는 전고체 전지의 높은 가능성을 보여준다고 할 수 있다.

박막형 전고체 전지는 기상법스퍼터법, 진공 증착법, 펄스레이저 퇴적법 등을 사용하여 박막을 적층시키는 방식으로 제작한다. 리튬 이온 전지의 전고체화를 가장 기대하고 있는 분야가 전기 자동차일 것이다. 전기 자동차에 실제로 탑재하려면 많은 전기 에너지를 저장하기 위해 면적당 많은 활물질active material들이 필요하고, 따라서 박막을 여러 층 겹쳐서 두꺼운 형태의 전지를 제작할 필요가 있다. 이러한 전지는 원리적으로는 박막형이라고 해도 일반 박막 전지와 비교해서는 벌크형 전지라고 불리기도 한다.

전고체 전지의 특징

2-5

전고체 전지의 개발을 많은 사람이 기대하고 있다. 전고체 전지의 특징에는 과연 어떠한 것들이 있는지 알아보자.

높은 에너지 밀도

고체 전해질은 유기 용매 전해질에 비해 내열성이 높기 때문에, 전지 구조에서 냉각 기구가 차지하는 부피나 무게를 감소시킬 수 있다. 또한 전지 용기가 차지하는 부피와 무게도 대폭 줄일 수 있다. 이 말은 즉 전지의 에너지 밀도가 향상된다는 것을 의미한다.

나아가 전기 화학적인 분해 반응이 쉽지 않은 고체 전해질은 전위 electric potential가 높은 양극 활물질 active material을 이용하는 것이 가능해서 이론적인 에너지 밀도 자체의 향상도 가능해지리라 예상된다.

높은 안전성

리튬 금속을 사용하는 전지의 용매로 보통 에스테르ester나 에테르ether 등의 유기 용매를 사용한다. 이러한 유기 용매들은 가연성 물질이기 때문에 안전성 확보에 세심한 주의를 기울여야 한다.

차량 탑재용 또는 전기 에너지 보관 용도 등으로 전지가 대형화되면, 가연성 전해물질이 늘어나게 되고 따라서 방열성이 안 좋아져서 전지의 온도가 상승하기 쉬워진다. 이러한 문제에 대한 근본적인 대책으로 대표적인 불연성 물질인 세라믹스 고체 전해질을 사용하는 방법 등이 검토되고 있다.

높은 출력 밀도

전해질을 고체화할 때 가장 큰 문제는 출력 성능 저하이다. 일반적으로 이온의 이동도는 고체보다 액체에서 더 높으며, 따라서 현재 전지의 대부분이 액체 전해질을 사용하고 있다.

대부분의 경우, 전해질을 액체에서 고체로 바꾸면 전지의 출력 성능은 저하되는 것으로 알려져 있다.

긴 수명

높은 기전력을 가지는 리튬 이온 전지는 양극 및 음극 표면에서 전해질 분해 반응이 일어나기 쉬운데, 이는 전지 성능을 저하시키는 원인이 된다. 그러나 고체 전해질에서는 확산되는 분자 종류가 리튬 이온뿐이다.

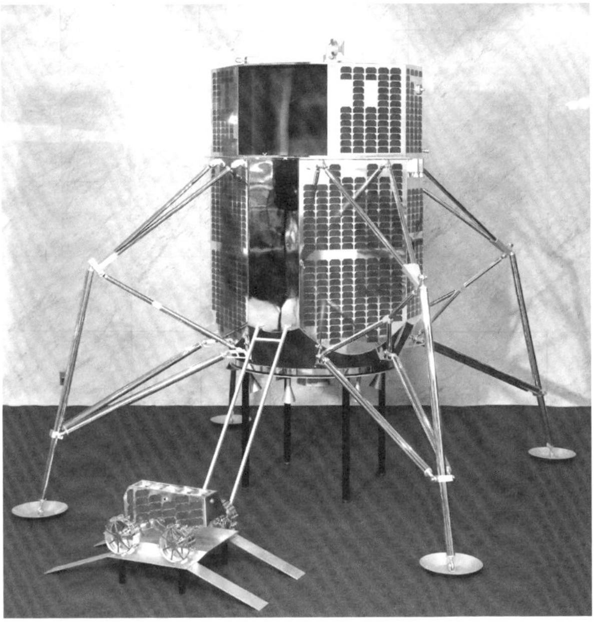

ispace가 추진 중인 민간 달 표면 탐사 프로그램인 'HAKUTO-R'의 달 착륙기와 탐사차 모형이다. 리튬 이온 전지의 경우, 온도가 영도보다 낮은 달 표면에서는 전지 특성이 저하되는데, 일본특수도업이 개발 중인 전고체 전지의 경우, 현시점에서도 영하 30도까지 견딜 수 있다고 한다. (사진 제공: 교도통신사)

따라서 액체 전해질 계열에서 유입되어 생기는 용매 분자나 리튬 이온 이외 음이온의 전극 표면으로의 이동은 일어나지 않으며, 전극 표면에서의 전기 화학적 분해 반응은 잘 일어나지 않는다.

또한, 전극 활물질이 전해질 용매에 녹는 현상도 또한 전지의 열화를 일으키는 부반응이지만 고체 전해질에서는 이러한 부반응이 일어나지 않는다.

전고체 전지의 장점과 단점

2-6

많은 기대를 받고 있는 전고체 전지의 장점과 단점에 대해서 살펴보자.

전고체 전지의 장점

뛰어난 안전성

리튬 이온 이차 전지에서는 전해액으로 유기 용매 계열 재료를 사용한다. 따라서 전해액의 누출, 발화 및 파열 등의 사고가 발생할 수 있다. 이에 반해 전고체 전지는 고체 전해질을 사용하기 때문에 발화 등의 위험성이 작다.

넓은 작동 온도 범위

리튬 이온 이차 전지는 작동 온도 범위에 제한이 있다. 고온에서는 세퍼레이터[분리막]의 용해나 증발이 일어나고 저온에서는 전해액의 점도가 높아짐에 따른 내부 저항 상승이 일어난다. 따라서 고온에서나 저온에서는 전지로 사용하기 어렵다.

그러나 전고체 전지는 고체 전해질의 안정성이 높아서, 액체형 리튬 이온 이차 전지처럼 고온이나 저온 상태에서 문제가 발생하지 않는다.

낮은 열화 발생률

리튬 이온 이차 전지에서는 전해액 내에서 리튬 이온뿐만 아니라 다른 물질도 이동이 가능하다. 그로 인해서 전지에서 전기 에너지를 생성하는 반응 이외의 부반응들이 일어나게 된다. 이러한 부반응들은 전지 열화의 원인이 되고 있다.

한편, 전고체 전지에서는 고체 전해질을 사용하기 때문에 리튬 이온 이외의 물질이 전해질 내부로 이동할 수 없다. 따라서 리튬 이온 전지에서 일어나는 부반응은 나타나기 어렵고 결과적으로 열화가 생기지 않아 전지로서의 수명도 길어질 것으로 기대가 된다.

낮은 누수 발생률

리튬 이온 이차 전지의 경우 액체 형태의 전해액을 사용하기 때문에 전해액의 누출 가능성이 있지만 전고체 전지는 고체 전해질이기 때문에 그럴 가능성은 없다.

이러한 장점 외에 '급속 충전이 가능하고', '에너지 밀도가 높으며', '전지 설계의 자유도가 높은' 장점 등이 있다.

전고체 전지의 단점

전고체 전지의 단점은 전극과 전해질의 계면 저항interfacial resistance이 크다는 점이다. 즉 전극, 전해질이 모두 고체이기 때문에 양쪽을 완전히 밀착하는 것이 쉽지 않다.

현재의 리튬 이온 이차 전지와 비교했을 때, 전고체 전지는 고체 전해질을 사용하기 때문에 전극 사이의 리튬 이온 이동도가 낮다. 따라서 전지로서 출력을 높이기 어렵다는 단점이 있다. 그러나 전해액과 동등 이상의 전도성을 가지는 재료 개발이 지금도 진행되고 있기에 가까운 미래에는 이러한 문제도 극복할 수 있으리라 예상된다.

또한, 단점이라고까지 말할 수는 없지만, 앞으로 전고체 전지의 본격적인 보급을 위해서는 양산 기술의 확립도 풀어야 할 과제로 남아 있다.

전고체 전지의 용도

2-7

전고체 전지는 안전성 이외에도 전지로서 여러 가지 뛰어난 성능을 가지고 있다. 전고체 전지의 용도에 대해 알아보자.

축전지로서의 전고체 전지

전고체 전지는 충전이 가능한 이차 전지이기 때문에 전지를 사용하는 전자기기를 포함한 모든 기계장치에 사용할 수 있다. 또한, 지금까지 살펴본 바와 같이 장점이 아주 많기 때문에 앞으로는 현재 사용되는 모든 형태의 전지가 전고체 전지로 대체될 가능성이 크다. 그러나 전고체 전지의 가격은 아직은 높은 편이다. 앞으로 전고체 전지의 양산이 가능해지고 거듭해서 가격이 낮아진다면 전지와 전기를 사용하는 양상이 크게 변화될 것이다.

사용처로 가장 기대되는 분야는 차량에 탑재하는 전고체 전지이다. 현재 가솔린, 디젤유로 움직이는 엔진내연 기관 자동차는 수십 년 후면

스마트 그리드 기본 개념

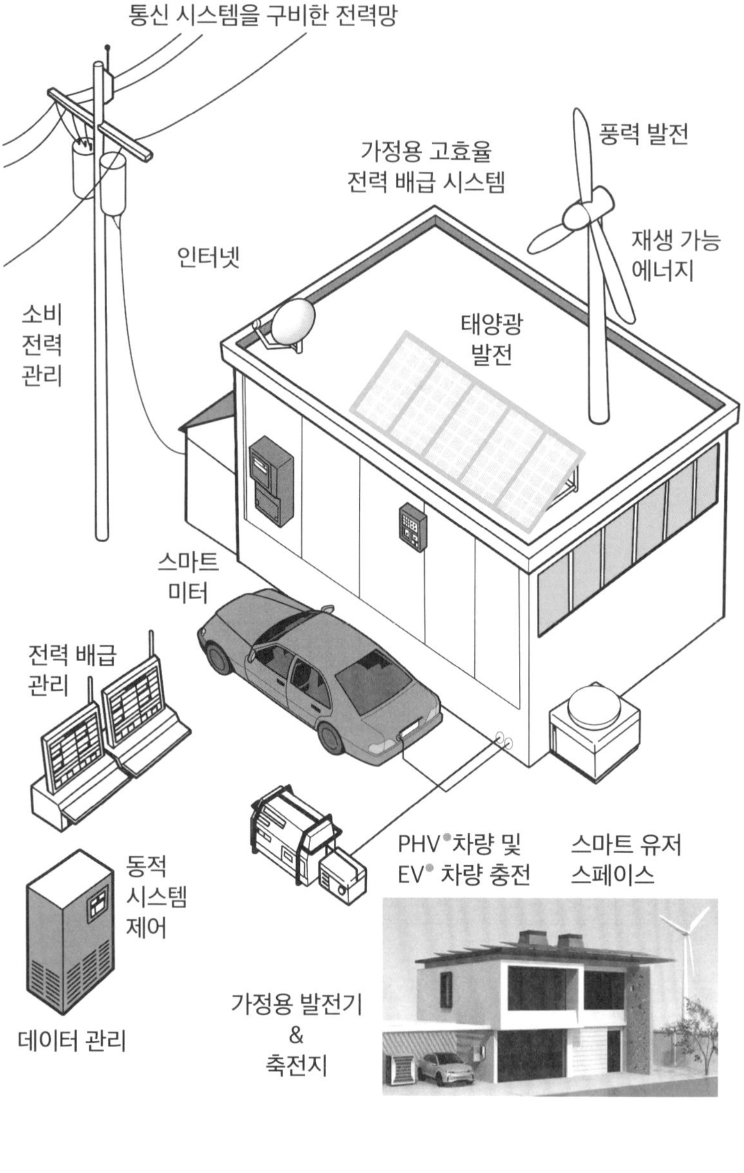

● PHV : 플러그인 하이브리드 카

●● EV : 전기 자동차

사라질 것이다. 모터로 움직이는 전기 자동차는 엔진 자동차에 비해 차량 구조가 간단하다. 따라서 현재 자동차 제조와 생산에 관련된 업종의 대부분은 일자리가 없어질 수 있다. 즉 사회의 산업구조가 크게 변할지도 모른다.

전고체 전지에 기대하는 것은 축전지로서의 사용이다. 지구 온난화가 심각해짐에 따라 세계의 많은 나라들이 화석 연료 사용을 점점 줄이고 대체 에너지 개발에 힘쓰고 있다. 대표적으로 알려진 대체 에너지는 원자력 발전, 풍력 발전, 그리고 태양 에너지를 이용한 태양 전지 등의 재생 가능한 에너지들이다.

그러나 이러한 재생 가능 에너지는 기후에 크게 영향을 받는다. 날씨가 좋을 때는 전력을 많이 생산할 수 있지만, 날씨가 나쁘면 전력 생산이 부족해진다. 그리고 전력 저장 장치도 현재로서는 기술 개발이 많이 필요한 상황이다. 생산하고 남은 전기 에너지를 전고체 전지에 저장, 즉 충전해놓으면 전력이 부족할 때 전고체 전지에 저장해놓은 전기 에너지를 사용할 수 있다. 전기 자동차 한 대당 탑재된 전고체 전지를 지역 단위의 네트워크로 연결해서 이른바 전기 저장 공급 시스템VPP: Virtual Power Plant을 구축해보는 것도 생각할 수 있다. 즉 전기 자동차를 사회 인프라의 일환으로서 생각하는 스마트 그리드Smart Grid, 전기 및 정보 통신 기술을 활용하여 전력망을 지능화, 고도화함으로써 고품질의 전력 서비스를 제공하고 에너지 이용 효율을 극대화하는 전력망는 앞으로 펼쳐질 새로운 시도라고 할 수 있을 것이다.

고체 전해질

전해질은 전지의 구성 성분인 전극 재료의 이온화를 돕고,
생성된 이온이 전극 사이를 이동하는 걸 도와주는 중요한 역할을 담당한다.
원래 전해질은 용액이지만 앞에서 언급했듯이 용액은 여러 가지 문제가 존재한다.
이러한 문제점을 개선하기 위해서 고체 전해질이 개발되었다.
향후의 전지는 고체 전해질을 중심으로 발전해나갈 것이라고 예상한다.

고체 전해질은 무엇인가?

3-1

지금까지 반복해서 말한 것처럼 '전고체 전지'는 '건전지'나 '무기물계 태양 전지'와 같이 단순히 전지 전체가 고체 상태인 전지를 말하는 것이 아니다. 전고체 전지는 기존의 '리튬 이온 이차 전지'를 구성하는 액체 부분인 '전해질 용액'을 고체, 즉 '고체 전해질'로 바꾼 전지를 말한다.

리튬 전지와 전고체 전지의 차이점

따라서 확실하게 말하자면 '전고체형 리튬 이온 이차 전지'라고 표현하면 오해를 피할 수 있겠지만 학회에서는 이런 긴 이름보다는 '전고체 전지'라는 간단한 이름을 사용하기로 했다. 그래서 현재 우리 사회에서 통용되고 있는 '리튬 이온 이차 전지', 통칭 '리튬 전지'와 '전고체 전지'의 차이점은 단 한 가지인데, 즉 전해질이 '액체'인가, 아니면 '고체'인가이다.

정말 작은 차이에 불과한데 전고체 전지 등장이 이렇게 애타게 기다려지는 이유는 무엇일까? 이전에도 언급한 바와 같이 고체 전해질로 구성된 전고체 전지는 다른 전지에 비해 상당히 우수한 특성을 가지고 있기 때문이다.

전해질이란?

메탄 CH_4 같은 분자는 특별히 분해될 일이 없다. 반면 식염소금, 화학적으로는 염화나트륨, NaCl처럼 물에 녹기만 해도 나트륨 이온 Na^+이라는 양이온과 염화물 이온 Cl^-이라는 음이온으로 분해이온화되어버리는 것도 있다. 전해질이란 염화나트륨과 같은 이온성 물질의 이온화를 도와줄 뿐만 아니라 이온화에 의해서 생성된 Na^+, Cl^-와 같은 이온을 안정화시키고 이온의 이동을 잘 일어나도록 도와주는 물질을 말한다.

6장에서 보게 되겠지만 아연판 Zn을 황산 H_2SO_4 수용액에 넣으면 Zn은 녹아서 즉, 이온화되어 아연 이온 Zn^{2+}과 전자 e^-로 분해이온화된다. 그리고 동시에 수소 기체 H_2를 발생시킨다.

이 반응에서 황산 수용액은 아연의 이온화를 도와주는 전해질로

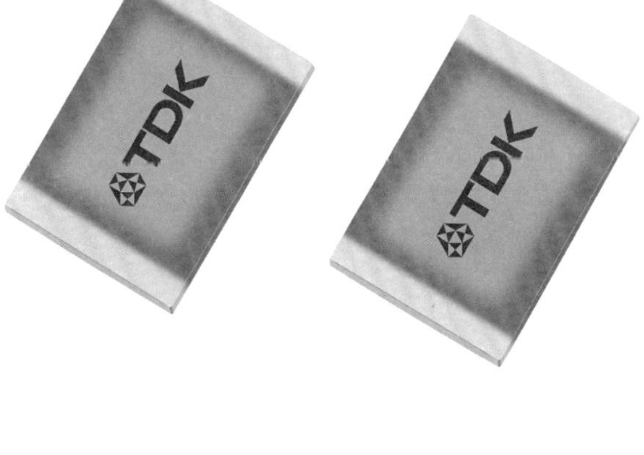

TDK가 발표한 전고체 전지 'Ceracharge'. 전해액을 사용하지 않고 5장에서 설명하는 세라믹 고체 전해질을 통해 충방전한다.

작용한다. 일반적으로 산을 띠는 수용액은 우수한 전해질이라고 할 수 있다. 아연을 수돗물 속에 넣었을 때는 이러한 이온화 반응이 일어나지 않는다. 즉, 물H_2O은 전해질로 사용하기엔 어려운 물질이다.

최근에 얼룩 제거로 유명해진 구연산citric acid은 산 성분이지만 고체분말, powder이다. 이러한 구연산 속에 아연을 섞어도 수소 기체는 발생하지 않는다. 즉 고체 상태의 구연산은 산이기는 하지만 전해질로는 사용할 수 없다. 하지만 구연산을 녹인 물, 즉 구연산 수용액에 아연을 넣으면 아연은 천천히 수소 기체를 발생시키고 녹는다. 다시 말해서 구연산 수용액은 전해질이라고 말할 수 있다.

고체 전해질의 원리

3-2

고체 전해질은 앞에서 설명한 것처럼 고체 형태의 전해질이다. 외부에서 가해진 전기장에 의해 이온을 이동시킬 수 있는 고체를 고체 전해질이라고 한다. 반대로 이온의 이동을 이용해서 전기 에너지를 발생시킬 수도 있다.

전류current의 본질

전류는 눈으로 볼 수 없다. 그렇다면 '전류는 무엇인가?'라는 질문에 어떻게 대답해야 할까?

전류는 전자의 흐름

간단하게 설명하면 전류는 전자의 흐름이다. 모든 물질은 원자로 이루어져 있다. 그리고 그 원자는 연기로 이루어진 둥근 공과 같은 형태이며 그 중심에는 작고 무거운밀도가 큰 원자핵이 있고, 그 주위를 전자 구름electron cloud이라고 부르는 전자들이 둘러싸고 있다.

이 전자가, 원자에서 벗어나 집단으로 이동하고 흐르는 것을 전류라고 한다. 전자가 A에서 B로 흐르면 전류는 B에서 A로 흐른다고, 즉 전자의 흐름과 전류의 흐름은 반대라고 정의한다.

실제 전자는 (−)전하를 가지고 있기 때문에 전지의 양극+극 쪽으로 끌리고, 전류는 음극-극에서 양극+극으로 이동하는 전자의 흐름이다. 그러나 전자가 발견되기 약 100년 전 볼타 전지가 발명되었을 때, 전류는 전지의 양극+극에서 음극-극으로 흐른다고 정의를 내렸다. 그래서 이후로도 전류의 방향은 양극에서 음극으로 흐른다는 정의가 이미 널리 알려진 것을 감안해, 변경하지 않고 현재에도 사용하고 있다.

전류는 이온의 흐름

전류로서 흐르는 것이 전자만 있는 건 아니다. 음이온은 마이너스 전하를 띠는 물체분자로, 중성 상태의 물체분자에 전자가 더 결합된 상태이다. 따라서 음이온이 이동했다면 그것은 물체분자와 전자가 함께 이동했다는 의미가 된다. 즉, 전자가 이동했으며 따라서 전류가 흘렀음을 의미한다. 양이온플러스 전하이 이동해도 마찬가지다. 단지 전류의 방향이 바뀔 뿐이다.

금속이나 반도체에서 전류가 흐르는 것은 전자의 이동에 의한 것이다. 반면 전해질로 전기가 흐르는 것은 전자 스스로나 이온음이온, 양이온의 이동에 의한 것이다. 이온과 같이 전자를 품고 함께 이동하는 물질을 일반적으로 캐리어carrier라고 한다.

전자와 전자 구름

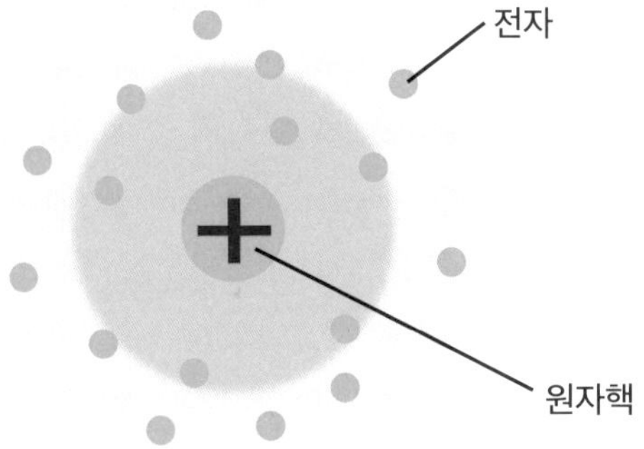

전해질의 역할

전지에서 전해질은 양극과 음극 사이 캐리어의 수송을 담당한다. 리튬 이온 전지에서는, 일반적으로 탄산 에스테르계 유기 용매에 $LiPF_6$ 등의 리튬염lithium salt을 녹인 비수계非水系 용매 즉, 유기 용매 전해액이 사용된다. 그런데 이 유기 용매가 가연성이기 때문에 리튬 이온 전지에는 발화 위험성이 따라다닌다. 그렇다고 해서 물을 사용한다면, 리튬이 물과 격렬하게 반응해 가연성 기체인 수소를 발생시키고 거기에 불이 붙으면 대폭발이 일어난다.

따라서 리튬 이온 전지의 전해질에 요구되는 가장 큰 특징은 '전기화학적인 안정성'이다. 납축전지나 니카드 전지, 니켈 수소 전지 등 물을 사용한 전해액을 사용한 전지의 경우 전해액 중의 물이 전기 분해되어버리기 때문에 전지의 기전력emf을 높이는 데는 한계가 있다.

고체 전해질의 특성

고체 전해질에 대해서는 지금까지 산화물과 황화물을 중심으로 연구되어왔다. 일반적으로 고체 전해질에서는 이온이 이동하는 매체가 고체이기 때문에 이온의 이동 속도가 느려지고, 특히 저온에서는 도전성conductivity이 낮아지기 쉽다고 알려져 있다. 그러나 최근 높은 도전율을 가지는 재료들이 발견되고 있다. 또한 산화물은 화학적 안정성chemical stability이 높은 데 반해 황화물은 성형성formability이 우수하다는 특징을 가진 것으로 알려져 있다.

밀착성

이러한 고체 전해질을 전고체 전지에 사용하기 위해서는 전극 활물질 입자와 고체 간의 계면 결합 능력이 필요하고, 따라서 고체 전해질의 기계적인 특성이 중요해진다. 황화물 전해질은 분말을 상온 가압 성형하는 것만으로 치밀한 고체dense solid 상태로 만들 수 있기 때문에, 이 점에서 활물질과 계면 결합하기에 비교적 용이하다는 이점이 있다. 이에 반해 산화물 전해질은 치밀한 고체 상태로 만들어 계면 결합을 하는 데 고온에서의 소결 프로세스sintering process가 필요하다. 여기서 소결이란 분말과 같은 비표면적이 넓은 입자들을 더욱 치밀한 덩어리로 만들기 위해 충분한 온도와 압력을 가하는 공정을 말한다. 그러나 산화물 전해질을 전극 재료와 함께 고온에서 소결하면 양쪽 모두 화학반응을 일으킬 가능성이 있다. 이를 피하기 위해서는 저온 소결 프로세스의 개발이 반드시 필요하다.

후지색소(GS얼라이언스)가 개발한 전고체형 리튬 이온 전지용 고체 전해질 'LLZO'의 주사 전자 현미경 사진(위는 보통 입경품, 아래는 미립품. 배율 및 바(bar)의 길이가 다름에 주의.) 파우더나 잉크로도 제공이 가능하며 나노 사이즈 미립자 분산 기술을 사용해서 300~500nm의 크기로 하는 것도 가능하다. (사진 제공: GS얼라이언스)

리튬 이온 이차 전지의 특성

리튬 이온 이차 전지의 전해액은 전위창potential window, 물질이 전기 분해되지 않는 전위 영역이 넓은 유기 용매나 내산화성oxidation resistance이 우수한 리튬염lithium salt을 사용하기 때문에 물을 사용하는 수용액성 전해액보다 고전압에서 전지 사용 능력이 향상되며, 에너지 밀도를 높일 수 있다.

리튬 이온 전지가 이차 전지로서 기능하려면 충방전에 따라 양극과 음극 사이에서 전하 운반체캐리어로 사용되는 리튬 이온이 활발하게 이동해야 한다. 그렇기 때문에 '전해액'이 중요하다. 현재 주목을 받고 있는 '전고체 전지'는 전해질에 고체 전해질을 사용한 전지를 말한다.

전지 성능을 결정하는 것은 양극과 음극 재료뿐만이 아니다. 전해질은 양극과 음극 사이에서 캐리어 수송을 담당하는 물질로, 전지 내에서 매우 중요한 역할을 담당하고 있다.

고체 전해질의 종류

3-3

리튬 이온 이차 전지의 전고체화를 위한 핵심 소재로써 리튬 이온 전도성 고체 전해질 재료가 주목받고 있다.

고체형의 종류

일반적으로 고체 전해질은 그 고체형의 종류에 따라서 유기물계고분자계 고체 전해질과 무기물계 고체 전해질로 분류할 수 있다.

유기물계 고체 전해질플라스틱 계열

유기물계 고체는 유기 고분자 즉, 플라스틱을 말한다. 겔 고분자 전해질은 이미 리튬 폴리머 전지의 전해질로써 실용화되었다. 겔 고분자 전해질gel polymer electrolyte이나 진성 고분자 전해질intrinsic polymer electrolyte은 가교 구조cross-linking structure를 가지기 때문에 멜라닌 수지 등의 열경화성 수지와 마찬가지로 거시적으로는 액체처럼 흐르지는 않지만, 열역학적으로는 유리 전이 온도glass transition temperature 이상에서 액체 상태가 된다. 그렇기 때문에 탄력성은 약간 떨어지게 된다.

또한 유기물이기 때문에 가연성이라는 단점이 있다. 따라서 리튬 이온 이차 전지가 가지는 발화성, 가연성이라는 결함을 완전히 극복하기는 쉽지 않아 보인다.

무기물계 고체 전해질

이에 반해 무기물계 고체 전해질은 결정세라믹스, 비정질글래스 둘 다 열

일본촉매가 개발한 리튬 이온 전지용 전해질인 '이오넬'. 고순도 물질로서 용매와 부산물이 적어서 안정된 전기 화학 특성을 나타내기 때문에 전고체 전지의 전해질로서의 수요가 기대된다.
(사진 제공: 일본촉매)

역학적으로 고체 상태이며 리튬 이온만 이동하는 단일 이온 전도single ion conduction가 쉽게 일어난다. 따라서 부반응이 잘 일어나지 않는, 신뢰성이 높은 리튬 이온 전지를 만들 수 있다. 또한 무기물이기 때문에 불연성이며 매우 안전성이 높다.

지금까지 무기물계 리튬 이온 전도체는 결정 재료를 중심으로 한 산화물 베이스 계열과 비정질 재료를 중심으로 한 황화물 베이스 계열이 주로 검토되어왔다.

세라믹스계 전해질

세라믹스 전해질ceramics electrolyte은 고체 전해질 중에서도 그 재료가 금속 산화물이거나 탄화물, 붕소화물, 황화물 등의 무기 화합물 즉, 세라믹스로 구성된 물질을 말한다.

산화물 이온 전도성 세라믹스 전해질은 이미 여러 종류의 연료를 이용할 수 있는 고효율 에너지 변환 기술인 고성능 마이크로 SOFC Solid Oxide Fuel Cell, 고체 산화물 연료 전지 기술 등으로 실용화되어 있다. 향후 전고체 전지 적용을 위해서 실온에서 높은 리튬 이온 전도성을 가지며 내수성water resistance이 있는 대면적 시트형 세라믹스 전해질 개발을 목표로 하고 있다.

이 전해질은 전고체형 리튬 이온 전지뿐만 아니라 이론상 리튬 이온 전지보다도 훨씬 큰 에너지 밀도를 가지는 리튬 공기 전지Li-air battery에 응용하는 방법도 검토되고 있다.

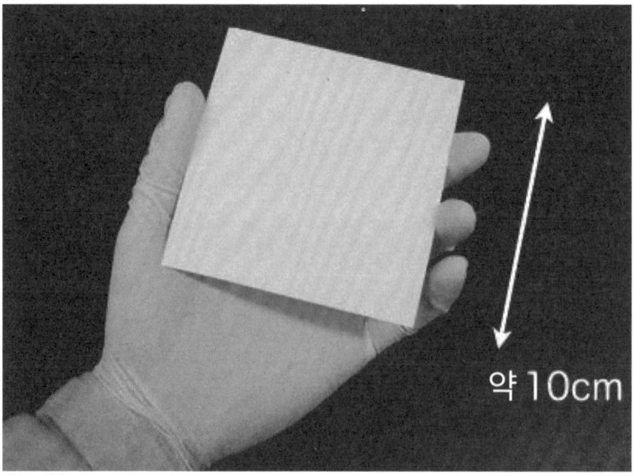

독립행정법인 산업기술종합연구소(산종연)에서 개발한 내수성과 열 안전성이 높고, 실온에서 높은 전도율을 실현한 차세대 축전지용 '세라믹 전해질 시트'. 안전성이 높은 전고체형 리튬 이온 전지용 세라믹 전해질로 기대됨과 동시에 내수성도 뛰어나다는 점에서 리튬 공기 전지의 전해질 재료로의 활용 또한 기대되고 있다. (사진 제공: 산종연 극한기능재료 연구팀)

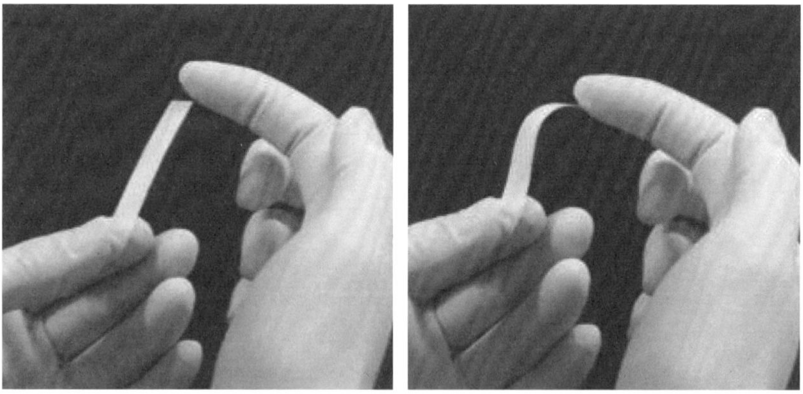

구부리는 반응에 대해서도 충분한 강도를 갖기 때문에 모바일 기기용 전지로 사용할 경우, 문제가 될 수 있는 진동과 같은 외부 충격에도 유연하게 대응할 수 있으리라 예상된다. (사진 제공: 산종연 극한기능재료 연구팀)

세라믹스의 가공성

기존 기술에서 세라믹스 전해질을 만들기 위해서는 원료를 1,400℃ 정도의 고온에서 녹여 이를 유리화시킨 분말을 사용했다. 그러나 최근 저온에서 결정화시킨 분말을 전해질 시트 제작의 원료로 직접 사용함으로써 예전보다 부드럽고 얇은 세라믹스 전해질 시트를 만드는 것이 가능해졌다.

동시에 이 공정으로 지금까지 세라믹스 전해질에서 문제였던 결정 간의 입계 저항intercrystalline grain boundary resistance을 크게 줄일 수 있게 되었다. 이로써 다결정체이면서 재료가 원래 가지고 있는 결정 입자 내의 이온 전도율에 가까운 전도율 실현이 가능해졌다. 즉 단결정single crystal에 가까운 성능을 가질 수 있게 되었다.

글래스계 고체 전해질

황화물계 전해질은 글래스계유리계 고체이다. 분말 형태의 원료를 고압으로 압축 가공하는 것만으로 고체 상태가 되기 때문에 가열할 필요가 없으며, 전지를 제작할 때 전극과 전해질 사이에 유해한 화학 반응이 일어날 가능성도 없다. 또한 원료의 분말 미립자가 다소 유연성이 있기 때문에 전극과 전해질 사이의 접촉성이 좋아져서 내부의 계면 저항도 작아지게 된다.

3-4

산화물 타입과 황화물 타입

액체와 같이 흐르면서 움직이는 성질이 없는 무기물 고체에서 이온을 빠른 속도로 이동시키는 것은 절대 쉬운 일이 아니다.

결정 타입과 비결정 타입

우선 무기 고체 전해질은 크게 결정성 재료세라믹스와 유리성 재료글래스, 비정질 고체로 구분된다. 결정성 재료에서는 격자 결함 구조의 유무와 층상 구조와 같은 특수한 결정 구조가 이온 전도성을 높이는 데 필수적이다. 한편 유리성 재료의 경우, 도전성을 증대시키기 위해서는 캐리어인 리튬 이온 농도를 높이는 것이 중요하다.

무기물 고체에서는 격자를 구성하는 산화물 이온이나 황화물 이온이 양이온인 리튬 이온의 전하를 보상하는 음이온 짝짓기anion pairing가 일어나는데, 리튬 이온의 전도이동에는 분극률polarizability이 더 큰 음이온이 유리하다. 이 점에서 산화물계와 황화물계를 비교하면 일반적으로 결정성과 유리성 양쪽 모두, 분극률이 큰 황화물계가 리튬 이온 전도성이 더 높은 것으로 알려져 있다.

산화물계

산화물계는 대기 안정성이 우수하다는 큰 특징이 있지만 한편으로는 입계 저항grain boundary resistance을 낮추기 어렵다는 단점이 있다. 또한 산화물 글래스유리의 전도율이 그다지 높지 않다는 단점도 존재한다. 산화물계를 전고체 전지로 이용할 때는, 스퍼터 공법을 통해 비정질armorphous 박막을 만들며 주로 박막 전지의 전해질로 사용하고 있다.

황화물계

황화물계 전해질은 글래스유리를 중심으로 개발이 이루어지고 있으며

각 전해질의 특징

종류	특징
황화물계	• 이온 전도율이 높고 가소성(high plasticity)이 높다. • 실온에서 충방전이 가능하며 가압이 필수적이다. • 물과 반응하여 유독한 황화수소 기체를 발생시킨다.
산화물계	• 안정성이 높고 기체 발생 반응이 없다. • 소결 공정으로 제작한다. • 전극이 단단하여 결합이 어렵다. • 충방전 시 가열과 가압이 필요하다.
고분자계	• 휘발성이 없고 천천히 연소한다. • 충방전 시 압축 공정이 필요없다.

실온에서 높은 도전율을 나타내는 글래스가 제작되고 있다. 또한 글래스를 결정화시켜 얻을 수 있는 글래스 세라믹스에서도 좋은 결과를 얻고 있다.

현재, 황화물계 전해질은 전해액의 도전율과 견줄 만한 재료들이 이미 개발되어 있다. 더욱이 황화물 전해질은 전해액과 같이 음이온 이동이 이루어지는 리튬 이온만이 전도에 기여하는 단일 이온 전도체임을 고려할 때, 전지의 작동을 담당하는 리튬 이온의 전도도는 전해액을 뛰어넘을 수 있을 것으로 예상된다.

또한 황화물계 전해질은 넓은 전위 영역에서 전기 화학적으로 안정적이고, 실온에서 압력을 가하는 것만으로도 성형 제작이 가능하기 때문에 가공성이 뛰어나서 전고체 전지에 응용하는 데 많은 장점을 가진다.

금속 이온 전도성 고체 전해질

3-5

고체 전해질 분야에서 여러 종류의 물질이 개발되고 있다. 그중 하나가 금속 이온의 이동을 가능하게 하는 물질인데, 이러한 물질을 일반적으로 이온 전도성 고체 전해질이라고 한다.

금속 이온

지구상의 자연계에는 약 90가지의 원소가 존재하는데 그중 70가지, 즉 원소의 3분의 2 이상이 금속 원소이다. 일반적으로 금속 원소는 전자를 내놓고 플러스 전하를 띤 양이온cation이 되기 쉬운데, 이때 내놓는 전자의 개수는 금속에 따라 다르다. 한 개의 전자를 내놓고 +1가의 양이온 상태가 되는 것도 있고, 4개, 5개의 전자를 내놓고 +4, +5가의 양이온이 되는 것도 있다.

또 Fe^{2+}, Fe^{3+}와 같이 외부 조건에 따라 2개, 3개의 전자를 내놓는 철Fe도 있다. 많은 금속은 이처럼 몇 가지 종류의 양이온 상태가 되는 게 가능하다. 이러한 금속 양이온 중에서, 전도도에 기여가 가능한 +1가 양이온 상태의 이온 전도성 재료를 오래전부터 연구해왔으며 20세기 초에는 고체 물질 내부에서 +1가의 은의 양이온Ag^+과 +1가의 구리의 양이온Cu^+이 아주 빠르게 확산되는 물질들이 발견되었다.

예를 들어 요오드화은AgI 은 147℃ 이상의 온도 영역에서, 저온상에서 고온상으로 상전이Phase transition 결정 상태가 일어나고, 이때 도전율은 급격히 커진다고 알려져 있다.

알칼리 금속 이온 전도성 고체 전해질

주기율표의 1족에 속하는 금속 원소, 즉 리튬Li, 나트륨소듐, Na, 칼륨포타슘, K 등을 일반적으로 알칼리 금속 원소라고 한다. 알칼리 금속 원소는 +1가의 양이온 상태를 갖는다.

최근 대용량 축전지 개발이 이루어짐에 따라 알칼리 금속 양이온이 주목받고 있다. 특히 리튬 이온Li^+과 나트륨 이온Na^+이 빠르게 이동이 가능한 고체 전해질알칼리 금속 이온 전도성 고체 전해질로, 연구가 활발하게 진행되고 있다. 이러한 무기 고체 전해질은 액체 전해질과 같은 유동성fluidity 은 없고 난연성flame-resistant 이기 때문에 이들을 이용해서 전지를 고체화함으로써 전지의 안전성을 근본적으로 개선할 수 있다.

고체 전해질이 갖춰야 할 요소가 몇 가지 있는데, 그중에서도 중요한 것은 이온 전도도도전율, electric conductivity 와 전위창Potential window 이다. 고체 전해질에서는 이온 전도에 필요한 에너지가 액체 전해질에 비해 크기 때문에 높은 이온 전도성을 실현하기가 일반적으로 어렵다. 그러나 음이온도 전도도에 기여하는 액체 전해질과는 달리, Li^+나

알칼리 금속 원소의 종류

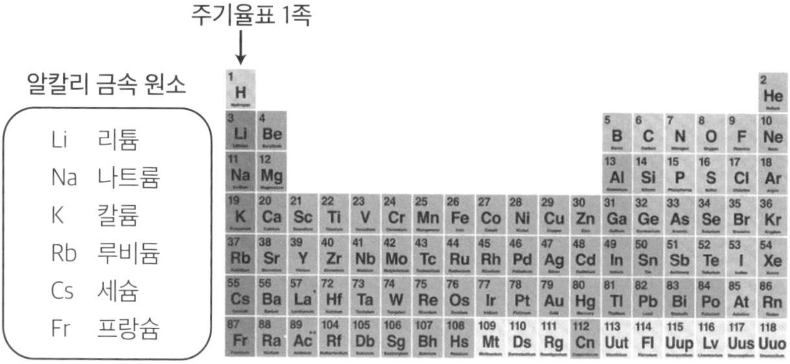

Na^+ 등 +1가 양이온만이 전도도에 기여하는 것은 알칼리 금속 이온 전도성 고체 전해질의 장점 중 하나이다.

리튬 이온 전도성 고체 전해질

3-6

리튬 이온의 이동을 가능하게 하는 고체 전해질들을 살펴보자.

산화물계 리튬 이온 전도체

그동안 이온의 이동에 유리한 격자 결함 구조, 층상 구조, 터널 구조 등을 갖는 다양한 산화물계 리튬 이온 전도체의 결정 재료에 대한 연구 개발이 진행되었다. 이들 중에는 도전율은 높지만 흡습성이 매우 높거나, 안정적이지만 실온에서 이온 전도성이 충분하지 못한 경우도 있었다. 여기서는 비교적 안정적이며 실온에서의 도전율이 높은 전도체들을 알아보자.

NASICON형 이온 전도체

NASICON은 Na^+ Super Ionic Conduction의 약칭이며, 300℃에서 높은 나트륨 이온 전도성을 나타냄에 따라 주목을 받았다. Na 대신에 Li을 포함하는 경우에도 동일한 결정 구조를 가지며, 그중에는 실온에서 우수한 전도성을 나타내는 것도 있었다.

이러한 NASICON형 고체 전해질 재료는 계면 제어grain boundary control 그리고 재료의 우수한 결정화 특성에 의해 더 높은 전도성을 구현한다고 알려져 있다.

페로브스카이트형 이온 전도체

페로브스카이트perovskite형 다결정체polycrystal가 높은 리튬 이온 전도성을 보인다는 것은 이미 1993년에 보고되었다. 구성 성분인 란타늄La 이온의 일부를 크기가 더 큰 바륨Ba 이온으로 치환하면 더욱 전도성이 높은 다결정을 얻을 수 있다. 그러나 전지에 응용할 경우, 리튬 금속이나 리튬 합금 등의 음극 재료를 사용할 수 없다는 제약이 있다.

β황산철형 이온 전도체

$Li_3Sc_2(PO_4)_3$ 같은 β황산철형 물질은 고온에서도 안정하고 비교적 높은 이온 전도성을 보이지만 실온 부근에서는 전도성이 낮다. 이러한 계열의 물질에서 다양한 원소들을 치환해 고온에서의 물질 구조를 실온에서 유지하며 실온에서도 높은 이온 전도성 구현을 시도했다. 그 결과, 스칸듐Sc이나 이트륨Y 등의 희토류rare-earth element로 치환하면 실온에서도 높은 도전율을 나타내는 고용체solid solution, 완전하게 균일한 상을 이루는 고체 혼합물를 얻을 수 있음을 알게 되었다.

비정질 이온 전도체

높은 전도성을 나타내는 리튬 이온 전도성 고체 전해질에는 산화물 유리계 물질oxide glass substance이 존재한다. 이러한 물질 중 박막 상태로 실온에서도 높은 도전율을 얻을 수 있는 물질들이 박막 전지용 고체 전해질 재료로써 주목을 받고 있다.

황화물계 리튬 이온 전도체

산화물계 유리계 물질은 열적 안정성이나 화학적 내구성은 우수하지만, 실온에서의 도전율은 낮아서 리튬 이온 이차 전지 전해질로 사용하기에는 충분하지 못했다. 그래서 산화물 이온보다 분극률이 큰 황화물 이온을 이용한 황화물계 글래스가 개발되었고, 실온에서도 매우 높은 도전율을 보였다.

그동안 이러한 황화물계 글래스는 감압봉관decompression sealing tube 안에서만 합성이 가능하다는 제작 공정상의 문제가 있었는데, Li_2S-SiS_2 계열의 물질은 실온에서 높은 도전율을 가지면서도 상압하에서 합성할 수 있으며, 화학적 안정성도 우수함을 알게 되었다.

이에 따라서 전고체 리튬 전지용으로 황화물계 리튬 이온 전도체가 매우 유망한 재료 중 하나로서 검토되고 있으며, 앞으로도 추가적인 연구가 활발하게 진행될 것으로 보인다.

전고체 전지에 필요한 새로운 재료

3-7

현재 전고체 전지의 주류인 리튬 이온 이차 전지는 양극에 $LiCoO_2$코발트산 리튬, 음극에 탄소계 물질그래파이트 등을 사용하고 전해질로는 $LiClO_4$, $LiPF_6$ 등 리튬 이온을 포함한 유기 전해액을 사용하고 있다. 몇 년 후 전고체 전지가 상용화될 것이라는 예상하에, 전해질을 고체화하는 연구가 급속하게 진행되고 있는 것은 지금까지 설명한 바와 같다. 최근에는 전해질뿐만 아니라 전지에 사용되는 전극 재료에 대한 연구도 활발하게 이루어지고 있다.

양극 재료

리튬 이온 이차 전지는 기존 전지의 성능을 크게 능가하는 우수한 전지이지만 개선해야 할 문제도 있다. 그중 하나는 발화 위험성이 있다는 것이다. 그리고 리튬은 물론이고 전극 재료 등에 희토류 금속이 포함되어 있어서 가격이 고가일 뿐만 아니라 재료 공급, 수급에도 불안정한 요소가 있다. 양극에 사용되는 $LiCoO_2$의 경우, 코발트Co가 고가의 희토류 금속이기 때문에 보다 저렴한 가격의 망간Mn 화합물 $LiMnO_2$나 니켈Ni 화합물 $LiNiO_2$를 사용한 새로운 타입의 리튬 이온 이차 전지의 개발이 진행되고 있다.

그러나 $LiCoO_2$는 그 층상 결정 구조가 안전 면에서도 문제가 있다는 지적이 있다. $LiCoO_2$가 전지의 과충전 등으로 인해 100℃ 이상으로 가열되면 결정 구조가 깨져서 산소가 발생하고, 유기계 전해액과 반응하여 발화나 발연을 일으킨다는 것이다. 그래서 새로운 안정한 결정 구조를 가지는 전극 재료 개발이 활발해지고 있다.

새로운 양극 재료

예를 들어 인P, 철Fe을 포함한 $LiFePO_4$가 새로운 양극 재료로써 검토되고 있다. P가 구성 원소에 포함되면 산소 원자와 강하게 공유 결합을 하는 안전한 '올리빈 형태Olivine type'의 결정 구조를 가지기 때문에 온도 상승에 따른 산소 발생을 억제할 수가 있어서 안전성이 높다고 한다.

또한 산화바나듐V_2O_5계를 사용해서 안정성과 고용량화를 함께 실현하려는 시도도 있다. 음극재인 탄소에 미리 리튬 이온을 도핑하고 충전을 함에 따라 양극재인 V_2O_5로 이동시켜 고용량화를 실현하려는 것이다. V_2O_5는 결정 구조가 견고하고 300℃ 이상에서도 산소가 분리되지 않아서 안전하다고 한다.

리튬 이온 전지 재료의 종류와 특징

양극 재료	조성 식	특징
코발트산 리튬	$LiCoO_2$	• 큰 출력을 얻을 수 있다. • 제조하기 쉽다. • 과충전에 대한 대책이 없다.
망간산 리튬	$LiMnO_2$	• 안정성이 높다. • 다른 재료보다 저렴하다.
니켈산 리튬	$LiNiO_2$	• 열 안정성이 조금 떨어진다. • 충방전 사이클 특성이 떨어진다.
인산철 리튬	$LiFePO_4$	• 안전성이 높다. • 수명이 길고 저렴하다. • 테슬라 전기차가 인산철 리튬 이온 전지 채택을 고려하고 있다.

음극 재료

음극 재료에 대해서도 지금까지 독점해왔던 탄소계 소재 대신, 합금계열 중 고용량화가 가능한 새로운 소재를 사용하려는 시도가 진행되고 있다.

예를 들어, 절연성 금속 산화물을 사용한 내열층을 음극의 극판 표면에 형성함으로써 전지 내부에서 쇼트가 일어났을 때도 아주 작은 열을 발생하여 쇼트를 억제할 수 있다고 한다. 또한, 음극 재료로 지금까지 사용했던 탄소계그래파이트를 대신해 특정 합금 재료를 사용해서 전류 용량을 약 20~40% 높일 수 있다는 보고도 나왔다.

칼럼

리튬 이온 이차 전지 발화 사고

2006년 8월, 소니가 만든 리튬 이온 전지가 탑재된 노트북 전용 전지팩이 발화를 일으켜 해당 노트북은 자체 회수되었으며, 이 사고를 계기로 리튬 이온 이차 전지의 안정성 문제가 주목을 받게 되었다. 소니는 사고 원인으로 금속 미립자가 전지 셀 내에 혼입되어서 발열, 발화에 이르게 되었다는 메커니즘을 밝혔다. 이에 따르면 시트 형태의 전극, 세퍼레이터를 가공하는 제조 공정에서 셀 내부 특정 부위에 니켈 금속 미립자가 혼입되었고, 이것이 전해액에 녹아 나와서 세퍼레이터가 포함된 음극 쪽에서 고체화가 일어났다고 한다. 여기에서 리튬 이온이 금속 결정으로 석출되어서 결정의 날카로운 가시 부분이 세퍼레이터를 뚫고 관통해 양극과 음극 사이의 쇼트를 일으켰다고 한다. 리튬 이온 이차 전지 화재 사고는 매년 증가하고 있다. 아래 그래프는 도쿄 소방청 관내 발화 사고 건수의 추이를 나타낸 것인데, 2021년 9월 시점에서 이미 90건의 사고가 보고되었다.

양극 재료인 $LiCoO_2$의 결정 구조에 문제가 있는 게 아니냐는 문제도 제기되었다.

도쿄 소방청 관내 발화 사고 건수 추이

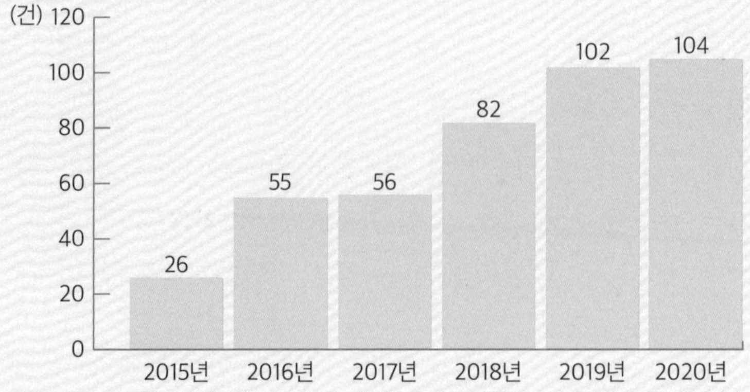

노트북용 전지 사고 원인

문제 발생의 원인

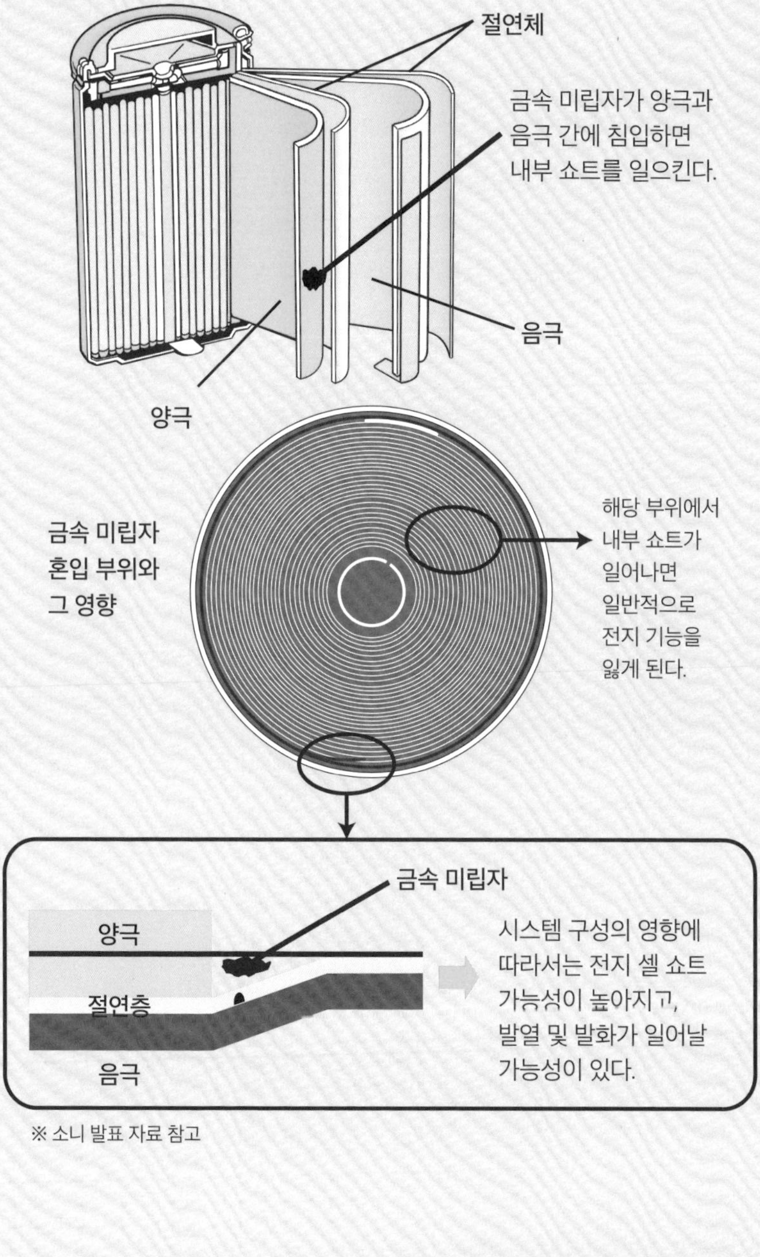

※ 소니 발표 자료 참고

$LiCoO_2$는 층상 구조로 이루어져 있는데, 충전 시 리튬 이온이 빠져나갈 때 과충전이나 과열이 있게 되면 리튬 이온이 층 사이에서 너무 많이 빠져나가 결정이 깨질 우려가 있다. 결정이 깨질 때 발열이 일어나며 주변 결정을 깨트리면 연쇄적으로 결정 붕괴와 발열이 일어나는 '열폭주 heat runaway' 현상이 일어날 가능성이 있는데, 이 열에 의해서 전해액이 증발해 인화성이 높은 기체로 변화하며, 이때 쇼트가 함께 일어나 발화까지 이어질 수 있다. 어쨌든 리튬 이온 이차 전지의 전극 재료의 안전성에 대한 중요성이 다시 한번 부각된 사고였다.

소니의 전지 문제가 어느 정도 진정되었다고 생각한 2006년 12월에 휴대폰용 리튬 이온 이차 전지에서 다시 문제가 발생했다. 산요 Sanyo 사에서 만든 리튬 이온 이차 전지가 탑재된 휴대폰을 충전 중이거나 충전한 직후 이상 발열이 일어난 것이다. 원인으로는 전극판 제조 공정에서 위치 결정을 하는 가이드와 음극판이 접촉하여 음극판 끝부분에 변형이 생겼고, 낙하 등의 충격에 의해 세퍼레이터가 손상된 상태에서 충방전을 반복하는 동안 음극판이 세퍼레이터를 뚫고 파손되어 쇼트가 발생했을 가능성이 제기되고 있다.

2013년 1월에는 취항한 지 얼마 안 된 보잉 787기 내부의 전지에서 발화가 일어나 항공기가 공항으로 다시 회항하는 일이 있었다. 이것도 항공기에 탑재된 리튬 이온 이차 전지 쇼트로 인해 발생한 사고였다.

이상과 같이 내부 쇼트가 원인인 사고가 계속됨에 따라 각 전지 제조사들은 쇼트가 일어나지 않는 제조법이나 전극 구조를 탐색하기 시작했다. 전고체 전지 개발도 이러한 흐름의 일환이라고 볼 수 있다.

휴대폰용 전지 사고 원인

정상적인 전지 단면 그림

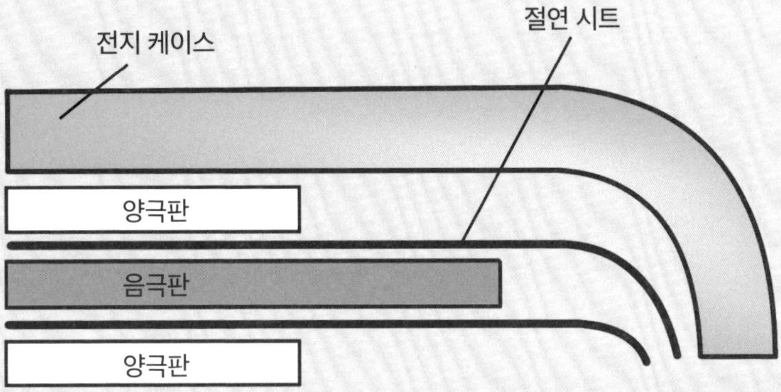

이상이 발생한 전지의 단면 그림

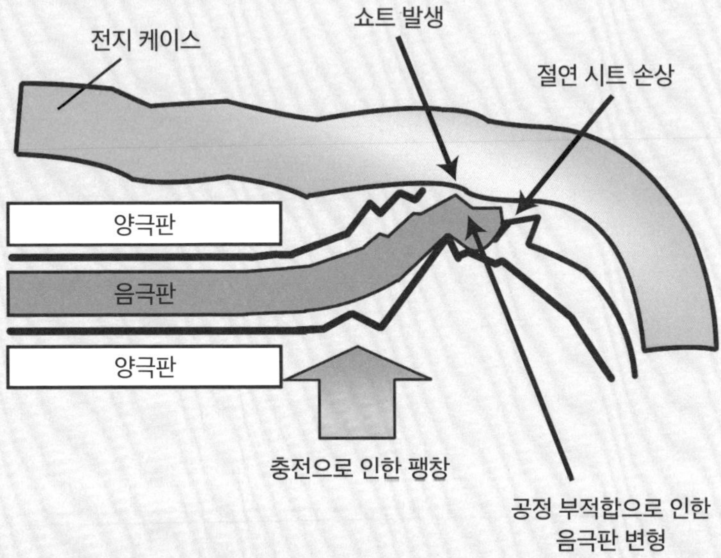

※ 미쓰비시 전지 발표 자료 참조

4장

자동차를 위한 전고체 전지의 개요

현재의 전고체 전지 개발은 전기 자동차에 쓰이는 축전지에 적용하기 위한 것이다.
전고체 전지를 자동차에 탑재하기 위해서는 소형화, 경량화, 대용량, 단시간 충전 등
많은 조건을 충족해야 하지만, 가장 중요한 것은 안전성이다.
특히 화재에 대한 안전성, 부반응에 대한 안전성 등이 요구된다.

도요타 자동차, 전고체 전지 탑재 자동차 시제품 발표!

4-1

자동차 업계의 염원인 전고체 전지가 탑재된 전기 자동차가 곧 실현될 것 같다. 도요타 자동차는 2021년 9월 7일, 전고체 전지로 주행하는 전기 자동차 시제품을 공개했다. 도요타 공식 유튜브 채널에서 공개한 영상에는 지난해 6월에 개발했다는 설명이 붙어 있다. 도요타는 '세계 최초 전고체 전지를 탑재한 프로토 타입 자동차로 정식 자동차 번호판 official number plate도 취득했다'고 선전하고 있다.

전고체 전지 자동차

전고체 전지는 전기 자동차 산업을 바꿀 획기적인 기술이라고 할 수 있다. 현재 판매되는 전기 자동차에 탑재된 전지리튬 이온 이차 전지는 액체 전해질을 사용하고 있다. 이에 반해 전고체 전지는 액체 전해질이 아닌 고체 상태의 전해질을 사용한다.

2021년 9월 7일 도요타 자동차의 '도요타 전지 개발 및 공급~탄소 중립 실현을 향해~' 발표회 자료에서 공개된 전고체 전지 시제품 차량. 도요타의 공식 유튜브 채널을 통해 시세품 차량 관련 동영상을 볼 수 있다. 시제품 차량 자체는 이미 언론 매체를 통해 보도되었다. (2021년 10월 14일 확인)

(출처: 도요타 자동차 발표)

도요타 자동차의 향후 계획

같은 날, 도요타 자동차는 전기 자동차용 전지 투자 계획도 발표했다. 2030년까지 약 1조 5,000억 엔을 투자할 예정이라고 하는데, 여기에는 전고체 전지 개발 계획도 포함되어 있다. 도요타는 또한 전고체 전지를 활용할 수 있는 최초의 자동차 모델을 구상하고 있다고 설명했다. 그러나 이번에는 전기 자동차용 전지 투자 금액을 공개했을 뿐 구체적인 전지 공장 건설 계획까지는 공개되지 않았다.

도요타 자동차는 2030년까지 세계 시장에서 하이브리드 자동차

전기 자동차용 전지 전체 라인업

2021년 9월 7일 도요타 자동차의 '도요타 전지 개발 및 공급~ 탄소 중립 실현을 향해~' 발표회 자료에서는 2030년까지 전지를 사용한 차로 구성된 전체 라인업 또한 공개되었다. 신형 리튬 이온 전지로 전고체 전지 또한 언급하고 있다. (출처: 도요타 자동차 발표)

전지 자동차 종류(도요타 자동차 사례)

프리우스

HEV
Hybrid Electric Vehicle
(하이브리드형 전기 자동차)

렉서스 350F SPORT

PHEV
Plug-in Hybrid Electric Vehicle
(플러그인 하이브리드형 전기 자동차)

bZ4X콘셉트

BEV
Battery Electric Vehicle
(이차 전지 전기 자동차)

MIRAI

FCEV
Fuel Cell Electric Vehicle
(연료 전지 자동차)

총 800만 대

를 포함한 전기 자동차를 800만 대 판매하겠다고 목표를 발표했으며, 2025년까지 15종의 순수 전기 자동차를 내놓겠다고 한다. 또 전기 자동차용 전지와 전기 자동차를 함께 생산하여 비용을 현재의 절반 수준으로 줄이는 방법도 모색 중이라고 하니, 조만간 구매하기 적절한 가격으로 전기 자동차가 시장에 출시될 것 같다.

이처럼 도요타 자동차가 시제품이라고는 하지만 전고체 전지를 탑재한 전기차를 공개하면서 전기차용 전지의 시장 경쟁은 더욱 뜨거워질 전망이다. 리튬 이온 전지 중심의 기존 자동차용 전지 시장도 크게 재편될 가능성이 높아지고 있다.

전고체 전지 및 이를 탑재한 전기차를 둘러싼 업계의 구상은 개발 단계에서 벗어나 드디어 판매 단계에 들어서고 있는 듯하다. 앞으로 전고체 전지와 전기차의 발전 움직임에 귀추가 주목된다.

전기 자동차

4-2

자동차가 발명된 시기는 1769년, 일본은 에도 막부 시대 무렵이었다. 초기 자동차는 증기 기관이나 모터motor, 전동기로 움직였다. 즉, 전기 자동차는 자동차 역사 초기부터 존재했던 것이다. 현재 주류를 이루는 가솔린 자동차가 탄생한 것은 1885년이었다. 독일의 다임러Daimler는 엔진을 개발하여 1886년에 사륜으로 구동하는 자동차를 만들었다. 마찬가지로 1886년 칼 벤츠Carl Benz가 가솔린 엔진을 탑재한 삼륜차를 만들어 실제로 시장에서 판매했다. 이후 자동차는 가솔린 엔진을 주축으로 발전, 발달해왔다.

전기 자동차 개발의 배경

최근 지구 온난화의 원인으로 이산화탄소가 지목되면서 전 세계적으로 이산화탄소 배출 제한 움직임이 일어나고 있다. 일본 정부는 2050년까지 탄소 중립을 선언했다. 세계 최대 이산화탄소 배출국인

◉ '비틀'이라는 애칭으로 알려진 '폭스바겐 타입1'의 개발자이며 '20세기 최고의 자동차 설계자' 중 한 명으로 자동차 역사에 이름을 남긴 오스트리아 출신 페르디난트 포르쉐는 1899년에 '로너 포르쉐'라는 전기 자동차를 개발했다. 실제 판매까지는 이어지지 못했지만 트랜스미션이 없는 세계 최초의 자동차였다. (출처: Wikipedia)

◉ '발명왕'이라고 알려진 미국의 토마스 에디슨 또한 전기 자동차 개발 및 제조에 의욕적이었으며 충전 가능한 배터리 개발에 힘썼다고 알려져 있다. 사진은 에디슨과 'Detroit Electric Model 47'로 불렸던 전기 자동차.

(출처: Wikipedia)

중국도 2060년까지 탄소 중립을 실현하겠다고 발표했다. 전 세계 국가들은 화석 연료가 연소할 때 발생하는 이산화탄소 발생을 경쟁적으로 억제하려고 하고 있다.

이에 따라 화석 연료를 사용하는 가솔린이나 디젤 엔진 자동차의 재검토가 요구되고 있다. 즉, 전지 에너지를 이용하여 모터로 달리는 전기 자동차의 필요성이 대두되고 있다.

기계적으로 볼 때 전기 자동차는 엔진 자동차에 비해 구조가 단순하고 부품도 적게 들어가며 자동차 조립도 더 간단하다. 당연히 가격도 기존 엔진 자동차에 비해 저렴해야 할 것이다. 그러나 전기 자동차의 문제는 전기 에너지, 즉 전력의 조달과 공급이다.

닛산 자동차는 태평양 전쟁 후 전기 자동차 제조부터 그 역사가 시작된다. 사진 속 자동차는 1947년에 발표된 '타마'라는 이름의 전기 자동차이다. 타마에는 승용차형과 트럭형이 있었으며 1951년 즈음부터는 택시용으로 수요가 늘었다고 한다. 이후 일본기계학회 '기계 유산' 제40호로 등록되었다. (출처: NISSAN HERITAGE COLLECTION online)

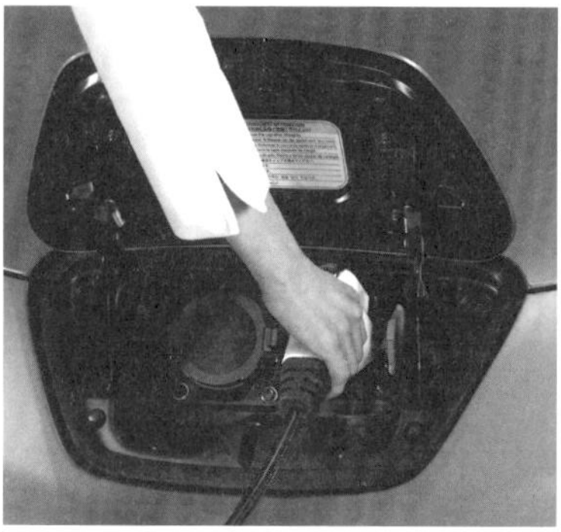

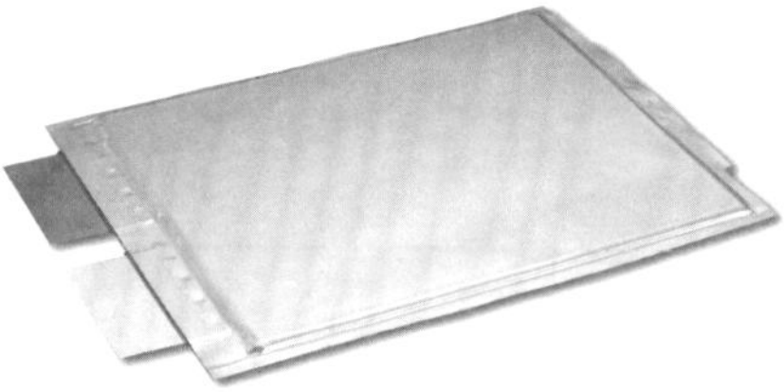

◎ 닛산은 2010년 세계 최초의 양산 전기 자동차인 '리프'를 발표했다. 사진 속 자동차는 첫번째 'ZEO형'이며, 오른쪽은 그 배터리(위)와 배터리 모듈(아래).

(출처: 닛산 자동차)

리튬 이온 이차 전지 타입과 수소 연료 타입

전기 자동차의 전력을 공급하는 방법으로 가정에서 사용하는 것과 마찬가지로 전력 공급이 가능한 콘센트에 플러그로 전기 자동차를 연결하는 것을 생각해볼 수 있다. 그러나 콘센트로 전기를 공급받을 수는 있어도 코드를 꽂은 채 자동차가 주행할 수는 없기 때문에 공급받은 전기를 일시적으로 자동차 내에 탑재된 축전지전지에 저장해야 한다.

그 축전지로서 현재 생각할 수 있는 최선의 선택은 리튬 이온 이차 전지뿐이다. 즉, 플러그 타입의 전기 자동차도 전지이차 전지를 사용하게 된다. 그리고 플러그 타입이 아닌 전기 자동차가 에너지원으로 사용할 수 있는 전지는 연료 전지밖에는 없다. 그래서 현재, 수소 연료 전지 실용화를 위하여 개발이 활발하게 진행되고 있다. 즉, 전기 자동차는 리튬 이온 이차 전지를 탑재한 플러그 타입 또는 수소 연료 전지를 탑재한 전지 타입, 두 가지밖에는 없다.

전기 자동차의 종류

4-3

전기 자동차는 전기 에너지를 사용해 모터를 회전시키며 주행하는데, '전기 자동차'라고 해도 종류는 여러 가지다. 전기 자동차 개발은 전 세계의 자동차 업체들이 각축을 벌이고 있으며, 그만큼 각 사의 전기 자동차 개발 상황은 극비이고, 사용되는 용어 또한 회사마다 각각 독자적인 기준이 있다. 따라서 같은 기술인데도 명칭이 다르거나, 서로 다른 기술이 같은 이름으로 사용되는 등의 혼란도 있다. 전기차의 종류에 대해서도 같은 일이 일어나고 있다. 이러한 혼란들은 서서히 정리되고 통합되겠지만, 당분간은 혼동하지 않도록 주의가 필요하다.

HEV와 PHEV^{PEV}

도요타 자동차가 '세계 최초의 양산 하이브리드형 전기 자동차HEV'로 프리우스Prius를 판매하기 시작한 것은 1997년 10월이었다. 이후 프리우스는 개량을 거듭했고, 그때마다 사람들의 주목을 받았다.

'21세기를 위한 자동차'라는 카피와 함께 1997년 10월에 발매된 도요타 자동차의 '프리우스'는 세계 최초의 HEV이다. 도요타 자동차는 지금까지 하이브리드형 전기 자동차는 HV라고 표기했었지만 2021년 5월부터 HV는 HEV, PHV는 PHEV, EV는 BEV로 표기를 변경했다.

프리우스는 3세대부터 PHEV(지금까지는 PHV라고 표기) 모델을 추가했다. 오른쪽은 PHEV 모델의 자동차 파워 커넥터이다. (출처: 도요타 자동차)

HEV와 PHEV의 차이

HEV는 하이브리드형 전기 자동차Hybrid-Electric Vehicle의 약칭이다. 일반적으로 HEV는 혼합형 즉, 두 종류 이상의 동력원으로 달릴 수 있는 자동차를 말하는데 보통 엔진과 모터를 모두 사용해 주행이 가능한 자동차를 말한다.

일본과 북미에서는 엔진 회전력을 동력으로 발전기를 돌리는 타입인 하이브리드 차량이 주류를 형성하고 있다. 발전 동력원은 주로 엔진이며 보조적으로 이차 전지나 회생 브레이크regeneration brake를 이용한다.

PHEV혹은 PEV는 플러그인 하이브리드형 전기 자동차Plug-in Hybrid Electric Vehicle의 약칭이다. PHEV는 모터를 구동하기 위한 전력을 콘센트에 플러그로 연결하고, 전력을 축전지이차 전지에 저장해서 전기 에너지를 사용하는 타입이다.

PHEV의 장점

HEV와 PHEV는 각각 장단점이 있다. PHEV의 장점으로는 다음과 같은 점을 들 수 있다.

HEV 차량보다 연료비가 적게 든다

전지에 충전된 전기가 남아 있으면 전기로 주행한다. 가솔린 급유 횟수가 줄어들기 때문에 연료비가 적게 든다.

전기 자동차보다 주행 거리가 길다

전기 자동차는 충전된 전기 에너지를 다 사용해버리면 더 이상 주행할 수 없지만 PHEV는 가솔린 엔진으로도 주행이 가능하기 때문에 안정

● 2020년 7월 이후 프리우스 PHEV의 경우 화재 시에 도움이 되는 외부 공전기능을 모든 차에 기본적으로 탑재하고, 태양광 충전 시스템을 모든 자동차 등급의 옵션으로 설정했다. 사진 속 차량은 PHEV 최신형 모델이며 2019년 9월에 일어난 태풍 15호에 의해 치바현에서 발생한 대규모 정전으로 인해 전기를 공급하고 있는 모습이다. (출처: 도요타 자동차)

적인 운전이 가능하다.

다른 용도를 위한 전원으로 사용이 가능하다

충전해둔 전력을 전기제품가전제품의 충전에 사용할 수 있다. 재난이나 재해 발생 시에 예비전력원으로 활용이 가능하다.

PHEV의 단점

충전하는 데 시간이 걸린다

예를 들어 프리우스 PHEV의 경우, 100% 충전하기 위해서 AC 200V 전압으로 2시간 20분 정도 시간이 걸린다.

충전소가 적다

전기 자동차용 충전소charging station 수가 아직은 적고, 앞에서 충전기를 사용하는 사람이 있으면 기다려야 하는 불편함이 있다.

차 내 공간이 다소 좁다

대용량 전지가 차량의 공간을 일정 부분 차지하기 때문에 차량 내부가 좁아지게 된다.

FCEV

FCEVFuel Cell Electric Vehicle, 연료 전지 자동차는 연료 전지를 이용하여 발전시킨 전력으로 모터를 구동하여 주행하는 전기 자동차를 말한다. 연료 전지에 사용하는 연료로는 수소와 메탄올 등이 있는데, 현재로서는 수소 연료 전지가 주류를 차지하고 있다.

수소 연료 전지는 가동해도 순수한 물만 배출되기 때문에 친환경

◉ 도요타 자동차의 FCEV, MIRAI(위 사진)과 연료 전지 유닛(가운데 사진). MIRAI의 경우 스마트폰에서 전국 수소 충전소의 정보나 현재의 가동 현황을 확인할 수 있는 전용 애플리케이션 'Pocket MIRAI'를 제공한다(아래 사진). (출처: 도요타 자동차)

적일 뿐만 아니라 우주 공간처럼 물이 거의 없는 곳에서는 그 배출된 물을 인간이 마시는 용도로 활용할 수 있다. 수소 연료 전지를 자동차에 만족스럽게 사용하기 위해서는 연료인 수소를 필요에 따라 언제 어디서나 즉시 공급받을 수 있는 수소 충전소Hydrogen Station 시스템을 잘 구축해야 한다.

수소 충전소 정비 계획

수소 연료 전지를 사용하기 위해서는 연료인 수소가 있어야 한다. 이를 위해 수소 충전소 등 인프라를 정비하는 대책들이 마련되고 있다. 또한 2012년에는 도요타, 다임러, GM 등 자동차 업계의 대기업 11개 회사가 수소 공급 시스템 규격을 표준화하는 데 합의했다.

수소 충전소의 문제점

수소 충전소는 가솔린 주유소의 수소 버전이다. 항상 대량의 수소 기체수소 연료를 보관하고 있어야 하며, 연료 전지 차량에 수소 연료를 보급할 수 있어야 한다. 수소는 가연성, 폭발성을 지닌 기체로, 만약 저장 용기기체 탱크, gas tank에 금이라도 간다면 큰 사고로 이어질 수 있다.

수소 연료 탱크에는 강철과 같은 금속 소재를 사용할 수 없다. 수소가 금속과 만나면 부식을 일으키는 수소 취약성hydrogen vulnerability이 일어나 강철이 부식되어 깨지기 때문이다. 따라서 금속 이외의 소재, 예를 들어 탄소 섬유와 같은 것을 사용해야 한다.

게다가 편리성을 위해서는 현재의 가솔린 주유소처럼 차량이 많이 다니는 도로 근처 장소에 설치해야 하는데, 이러한 위험한 설비를 근처에 사는 주민들이 흔쾌히 받아들일지에 대한 문제점이 있다.

● 가나가와 현, 요코하마 시, 가와사키 시, 이와타니 산업, 도시바, 도요타 자동차, 도요타 자동직기, 도요타 터빈 시스템, 일본 환경 기술 연구소는 공동으로 탄소를 적게 배출하는 수소 공급 체인 모델 구축을 도모하는 프로젝트를 전개하고 있다. 이 프로젝트에서는 요코하마시 풍력 발전소 부지 내의 풍력 발전을 이용해 물을 전기 분해하여 수소를 제조하고 저장, 압축하는 시스템을 갖추려고 한다. 사진은 위쪽부터 하마 윙, 수소 공급 거점, 수소 저장 압축 장치.

(출처: 도요타 자동차)

◉ 이렇게 제조된 수소는 간이 수소 충진차로 배송되며 요코하마 시내 또는 가와사키 시내의 시장 또는 공장 및 창고에 도입된 연료 전지 포크레인으로 사용된다. 이러한 공급망 구조를 통해 기존 전동 포크레인 또는 가솔린 포크레인 이용 시와 비교했을 때 80% 이상의 이산화탄소 저감 효과가 가능하다. 위쪽 사진은 간이형 수소 충진차, 아래 사진은 연료 전지 포크레인이다. 연료 전지 포크레인은 약 3분 간의 수소 충전으로 약 8시간 가동이 가능하다. 배터리식 포크레인일 경우 6~8시간의 충진이 필요하다. (출처: 도요타 자동차)

BEV

BEV Battery Electric Vehicle, 이차 전지식 전기 자동차는 이차 전지에 충전된 전기 에너지로 모터를 구동해 주행하는 자동차로서 전지식 전기 자동차라고도 한다. 내연기관엔진이 없기 때문에 주행 중에 이산화탄소나 질소산화물을 배출하지 않는 친환경 자동차라고 말할 수 있다.

전기 에너지를 전지에 충전해 주행하는 전기 자동차는 증기 자동차나 가솔린 엔진 자동차와 함께 오래전부터 개발을 시도했지만 전지

도요타 자동차의 신형 BEV, 'bZ4x'. 스바루와 공동 개발한 BEV이며 2022년 글로벌 판매를 계획 중이라고 한다. 또한 아래는 프로토 타입의 차량을 촬영한 사진이다.

(출처: 도요타 자동차)

◉ 2025년까지 자사 제조차 1대당 이산화탄소 배출량 40% 저감이라는 목표를 내건 볼보는 BEV, 'XC40 Recharge(사진상 아래는 동일 차량의 충전 전지팩)를 발표하고, 2021년부터는 일본에서도 수주를 시작했다. 볼보는 모든 모델에서 내연기관 차량을 없앴으며 세계 판매대수 중 50%가 전기 자동차, 나머지가 하이브리드 차라고 한다. (출처: 볼보 카즈)

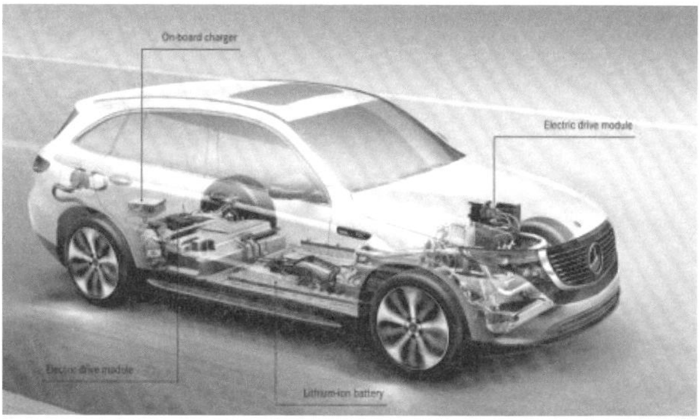

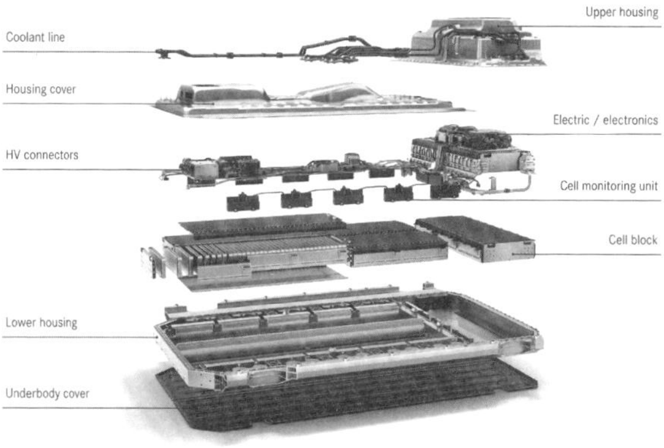

◉ 메르세데스 벤츠는 본격적인 BEV 개발을 시작한다는 것을 보여주기 위해 새로운 전기 자동차 브랜드인 'Mercedes-EQ'를 만들어 2021년에는 'EQC 400'(위, 가운데 사진, 사진은 내부 이미지와 전지 유닛), 'EQA250'(아래 사진)과 함께 신형 차량을 선보였다.

(출처: 메르세데스 벤츠)

● 2018년 SUV 전기 자동차 모델인 'Audi e-tron'을 공개한 아우디는 2025년까지 전 세계 주요 시장에서 20개 이상의 BEV를 발표하고 플러그인 하이브리드를 포함한 전기 자동차 모델의 판매 대수를 전체 대비 40%까지 끌어올리겠다는 목표를 내놓았다. 사진은 일본 시장에 최초로 도입된 'Audi e-tron sportsback'(위)과 충전 시스템(아래)이다.

(출처: 아우디 재팬)

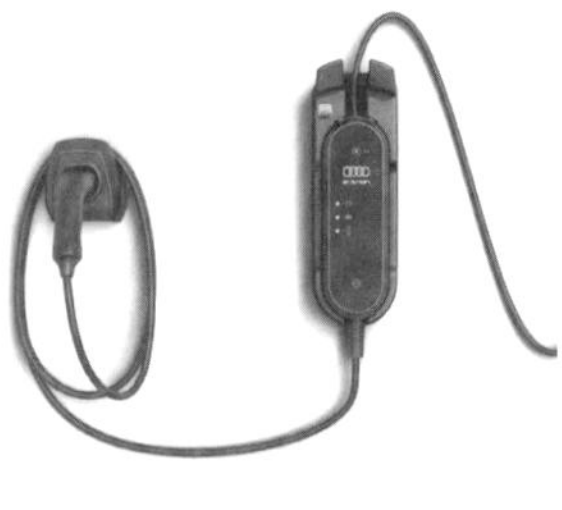

성능이 충분하지 않아서 보급까지 이어지지 않았다. 그러나 현재는 전지 성능이 눈에 띄게 개선되었고, 전고체 전지도 곧 실용화될 것으로 보인다. 전기 자동차 구조 또한 내연기관 자동차 구조에 비해 단순하기 때문에 전기 자동차 보급이 가속화될 것으로 전망된다.

BEV용 전지가 갖춰야 할 성능

4-4

BEV는 향후 전기 자동차의 주력 분야가 되리라 기대되지만 그만큼 그 동력원이 되는 전지가 충족해야 할 조건들이 있다. 현재 최고의 성능을 가지고 있는 리튬 이온 이차 전지가 BEV 탑재용 전지로서 주목을 받고 있는데, 이 전지는 화재 위험성이 따라다닌다는 점에서 안전성을 확보해야 한다. 그 때문에 전해질을 액체전해액에서 고체고체 전해질로 바꾼 전고체 전지를 사용할 것으로 보인다.

높은 에너지 밀도

고체 전해질은 현재 리튬 이온 이차 전지가 사용하는 유기 용매 전해질에 비해 내열성이 높아서 액체형 전해질 전지에 들어가 있는 냉각기구가 불필요해진다. 따라서 전고체 전지의 중량 밀도, 부피 밀도는 현재의 리튬 이차 전지보다 작아지게 된다. 즉, 전지가 소형화되고 경량화됨을 의미한다.

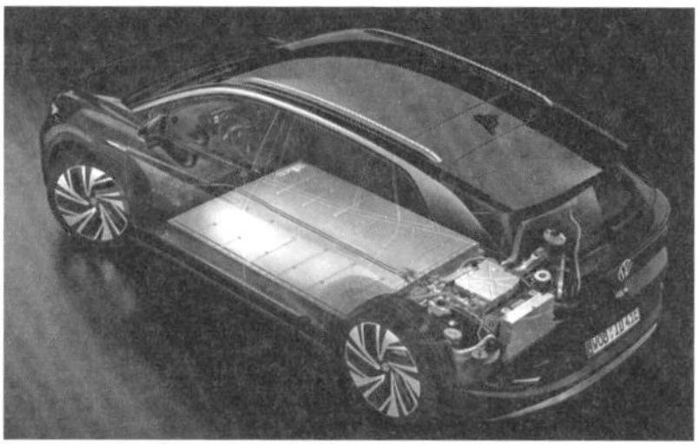

◉ 폭스바겐은 유럽에서 BEV 제1탄인 ID.3(위 사진)과 제2탄인 ID.4(가운데 사진)를 공개했다. 2025년까지 연간 150만 대의 전기 자동차를 판매할 것으로 계획하고 있으며 이를 위해 고압 전지 시스템을 연간 15만~18만 개 생산할 수 있는 전지 시스템 공장을 중국 안휘성에 건설 중이다. 아래 사진은 공장 완성 이미지.

높은 기전력

자동차용 전지팩battery pack에는 수백 볼트의 전압이 필요한데, 리튬 이온 전지의 기전력은 4V 정도이므로 액체형 전해질을 사용하는 리튬 전지의 경우, 수십 개의 셀을 직렬로 접속해야 한다. 이 경우에는 직렬로 연결한 축전지도 역시 같은 개수의 셀이 필요하고 따라서 전지 전체의 부피와 중량이 상당할 것으로 예상된다. 에너지 밀도가 크다는 것은 전지 전체의 부피와 중량이 작아진다는 것이기 때문에 자동차에서는 유리하게 작용한다.

전고체 전지의 경우, 전극과 고체 전해질의 박층thin layer을 교대로 적층함으로써 다층 직류 구조의 적층 구조로 이루어진 고전압 전지를 만드는 것도 가능해진다.

이에 따라 활물질 이외의 에너지 저장 기능을 담당하지 않는 재료를 절감할 수 있으며, 나아가 에너지 밀도를 높일 수 있게 된다. 또한, 전기 화학적 분해 반응의 영향을 잘 받지 않는 고체 전해질은 고전위를 나타내는 양극 활물질을 이용할 수 있어서 이론적으로는 에너지 밀도의 자체 향상이 가능해질 여지도 있다.

고출력 밀도

전해질을 고체화할 때 가장 큰 문제는 출력 성능이 저하된다는 것이다. 일반적으로 이온 이동도는 고체보다 액체에서 더 높다. 따라서 대부분 전해질을 액체에서 고체로 바꾸면 전지의 출력 성능은 크게 저하된다.

그러나 한편으로 전고체 전지의 입/출력input/output 성능이 액체형

◉ 2003년 7월 창업 이후 세계 각국에서 점유율을 늘리고 있는 테슬라의 인기 차종, 테슬라 모델3(위 사진). 일본에서는 좀 더 저렴한 모델인 '스탠다드 플러스'를 볼 수 있는데, 이 차의 주행 거리는 448km를 자랑한다. 듀얼모터 AWD인 '롱레인지 AWD'의 주행 거리는 580km 이며 테슬라의 충전 스테이션에 가면 30분 만에 270km 주행 거리 만큼의 전력을 충전할 수 있다.

전해질 리튬 전지보다 좋아질 잠재 능력도 내포하고 있다. 유기 용매 전해질에서는 전지 작동 중에 농도 분극concentration polarization이 일어나기 쉬우며, 대전류에서 구동할 때 리튬 이온의 농도 저하에 의한 전지 반응 속도 감소가 일어난다.

고체 전해질에서는 농도 변화가 일어날 가능성이 있는 경우는 리튬 양이온뿐이다. 음이온은 골격 격자에 고정되어 있어서 전기적으로 중성을 충족시키려는 리튬 이온의 농도 변화가 일어나기 어렵다.

또한 유기 용매계 전해질에서, 리튬 이온에는 용매 분자가 배위co-ordination하고 있으며 부피가 큰 상태이다. 따라서 층상 구조의 전극 활물질의 층간 사이에 리튬 이온이 들어갔다 나왔다 하려면 그때마다 리튬 이온에 배위된 용매가 분리되는 과정이 필요하다.

유기 용매 전해질의 경우, 이러한 용매가 분리되는 데 필요한 에너지가 크기 때문에 전극 반응 속도를 결정하는 지배 인자가 된다. 그러나 고체 전해질에서는 이러한 용매 분리화 과정이 없어서 전하 이동 과정에서의 반응 장벽 에너지reaction barrier energy는 전고체 전지가 일반적인 리튬 전지보다 더 작아질 수 있다.

고속 충전

이차 전지를 사용하는 자동차에서 중요한 과제 중 하나는 충전 시간을 줄여야 한다는 것이다. 한 시간 주행을 위해 충전에 한 시간이 소요된다면 실용성이 떨어진다. 급속 충전은 배터리에 500V 이상의 전압을 걸어서 전기를 충전하기 때문에 전지 자체의 능력이 그것을 소화할 수 있어야 하는 것이 필수 조건이다. 전지에 부하가 가장 높이 걸리는 상황인데, 실용화를 위해서는 이 부분을 중요하게 생각해야 한다.

전기 자동차의 화재 사고 기사를 보면 전기 자동차에 탑재된 전지의 품질이 얼마나 중요한지 알 수 있다. 앞으로 급속 충전은 지금보다 더 고전압, 대전류화로 이루어질 것이기 때문이다. 이러한 이슈를 충분히 고려한 전지 개발이 진행되고 있다.

BEV용 전지가 충족해야 할 기타 조건

4-5

BEV용 전지는 전기 자동차를 위한 전지다. 따라서 일반적인 전지와는 다른 성능이 요구된다.

안전성

현재 리튬 이온 이차 전지에는 용매로 에스테르와 에테르 같은 유기 용매가 사용되고 있다. 이러한 유기 용매는 가연성이기 때문에 화재와 같은 위험에 만전을 기해야 한다. 전고체 전지의 필요성이 부각되는 이유는 액체 전해질을 사용한 리튬 이차 전지가 계속해서 화재 사고를 일으키기 때문이다. 전고체 전지 및 그것을 탑재한 BEV의 가장 큰 요구 조건이 안전성이라고 해도 과언은 아니다.

차량 탑재 용도나 축전지 용도로 전지가 대형화되면 가연성인 전해질 양이 증대되면서 방열성도 안 좋아지기 때문에 전지 온도 상승이 일어나기 쉬워지고 안전성은 더욱 중요해질 것이다. 이 문제에 대한

LG화학의 전지 셀의 제조 불량으로 인한 화재가 빈번하게 발생하여 세계 각국에서 대규모 리콜 사태가 빚어진 현대자동차 코나EV. (출처: Wikipedia)

중국에서 기아자동차의 SUV가 북경시 간선 도로에서 화재 사고를 일으켰을 당시의 사진. 전기 자동차 사용자가 많은 중국에서는 이러한 화재 사고가 빈번하게 보고되어 사회 문제가 되고 있다. (사진 제공: Todd Lee/ ZUMA Wire/ 교도통신 이미지)

근본적인 해결책으로, 대표적인 불연성 물질인 산화물계세라믹스계 고체 전해질의 개발과 적용이 기대되고 있다.

내수성water resistance

전고체 전지에서 안전성에 관한 새로운 문제가 지적되고 있다. 전고체 전지에는 산화물계세라믹스계와 황화물계가 있다. 산화물계는 안전성이 우수하지만, 전지 성능은 황화물계가 더 뛰어나다고 알려져 있다.

그러나 황화물계에는 안전상의 문제가 존재한다. 황화물계 물질이 물과 반응하면 맹독성을 띤 황화수소 H_2S가 발생한다. 황화수소의 위험성은 온천 지대에서의 사망, 2007년 황화수소를 사용한 자살이 1,000건 이상 일어난 것, 맨홀 공사를 하던 중 중독된 사고 등 열거하기 어려울 정도다.

이러한 위험성은 사용할 때뿐만 아니라, 연구, 제조 현장에서도 마찬가지다. 현장에서는 엄격한 습도와 수분 관리가 요구되며 드라이룸 등의 전용 시설이 필요하다. 하지만 밀폐 시설의 경우 작업 능률이 떨어지고 대량 생산 시설로는 적합하지 않다. 도요타에서는 기류 등을 활용해서 개방된 상태의 시설에서도 건조 상태를 유지하면서 생산할 수 있는 공정 개발에 주력하고 있다고 한다.

성형성formability

위험은 있지만 성형성 부분에서 살펴보면 산화물계세라믹스계보다 황화물계가 더 뛰어나다. 황화물계는 분말 재료를 사용한 압분 성형powder molding에 의해 상온에서 성형이 가능하다. 그에 비해 산화물계는

1,400℃ 정도의 고온에서 소성baking해야 하는데, 1,400℃에서는 현재 사용 중인 전극 재료는 전부 파괴되어버린다. 또한 물리적인 자극에 약한 것도 문제다. 산화물계 물질은 견고하고 안전한 소재이지만 고열 성형high heat molding에 취약한 이슈를 먼저 해결해야 한다.

가성비

전고체 전지를 실제로 자동차에 탑재해서 판매할 경우, 가장 큰 문제는 자동차 가격이다. 아무리 친환경적이고 성능이 뛰어나도 가격이 비싸면 갖고 싶어도 살 수가 없다. 자동차도 상품이기 때문에 팔리지 않으면 그 가치는 사라진다.

전지 가격은 양산 가능 여부에 따라 크게 좌우된다. 출시 초기에는 고가였던 현재의 리튬 이온 이차 전지는 이후 개량이 진행되고 에너지 밀도가 높아졌으며 가격은 점차 낮아졌다.

아무리 이상적인 전고체 전지를 만들 수 있다고 해도 가격이 리튬 이온 전지의 몇 배라면 전기 자동차의 보급은 기대하기 어렵다. 몇 년 이내에 현재의 리튬 이온 이차 전지와 같은 정도의 가격으로 출시할 것을 목표로 삼아야 할 것이다.

5장

전고체 전지 개발의 현황

전기 자동차 개발에서 가장 중요한 이슈는 바로 '전고체 전지'이다.
앞에서 이야기했듯이, 일반 전지는 액체 전해질을 사용하지만
전고체 전지는 전해질을 포함한 모든 부분이 고체로 구성된다.
안전성을 가진 최고 성능의 전지라고 말할 수 있지만, 그 개발에는 어려움이 많다.
현재 어느 정도 실용적인 전고체 전지가 시장에서 판매되고 있으나
전지 시장의 주류가 되기 위해서는 아직도 개선해야 할 점들이 많다.

벌크형과 박막형

5-1

전고체 전지에는 일반적인 형태인 벌크형bulk type과 얇은 층상 구조를 가지는 박막형thin film type이 있다. 전기차에 탑재될 것으로 기대되는 타입은 전기 저장 용량이 큰 벌크형이며, 실용화를 위해 많은 기업과 연구기관이 열심히 개발에 힘쓰고 있다. 한편, 얇고 사용하기 편리한 박막형은 이미 개발이 완료되어 실제로 사용되고 있다.

벌크형 전고체 전지

벌크형 전고체 전지는 일반적인 리튬 이온 전지와 구조적으로는 비슷하다. 차이점은 리튬 이온 전지가 액체 전해질을 사용하는 데 반해 벌크형 전고체 전지는 고체 전해질을 사용한다는 점이다. 따라서 실용화를 위해서는 높은 도전율을 가진 고체 전해질을 개발하거나 전극과 계면 형성이 용이한 고체 전해질 개발이 핵심이다.

박막형 전고체 전지

전지에서의 전극 반응은 전극과 전해질의 계면interface에서 진행된다. 따라서 전고체 전지의 성능을 향상하기 위해서는 전극과 전해질 계면의 접촉 면적을 넓혀야 한다. 박막형 전고체 전지는 기상법스퍼터링 공법, 진공 증착법, 펄스 레이저 퇴적법 등을 이용하여 박막을 쌓아나가는 적층 방법으로 제작된다. 이렇게 하면 전극층과 전해질층의 접촉 면적이 넓어지므로 전지의 성능을 개선하기 좋다. 박막 전지는 이미 실용화되어 있으며 40,000사이클cycle의 충/방전을 실시해도 용량 열화capacity degra-

히타치조선이 개발 중인 전고체 전지(AS-LiB). 기계 가공 기술을 활용한 독자적인 제작 방법을 통해 기존 전고체 리튬 이온 전지가 가진 중방전 시 필요했던 기계적으로 압력을 가하는 과정이 필요없어졌다. 히타치조선은 2021년 2월, 우주에서 사용할 수 있는 전고체 전지 실용화를 위한 실증실험에 관한 공동연구계약을 JAXA와 체결했다고 발표했으며 2021년 말부터 국제우주정거장(ISS)의 일본 실험동 '키보우(희망)'에서 우주의 가혹한 환경에서도 'AS-LIB'가 제대로 가동되는지를 확인할 예정이라고 한다(2021년 11월 기준).

dation가 거의 없는 것으로 확인되었다.

이것은 전고체 전지의 사이클 수명이 우수함을 증명한다. 박막 전지는 얇고 유연하기 때문에 마치 종이처럼 다룰 수 있으며 앞으로 사용자의 아이디어에 따라 사용 범위가 더 넓어질 것으로 기대되고 있다.

박막형의 적층 벌크

얇은 종이도 계속 겹쳐서 쌓게 되면 두꺼워진다. 즉, 박막형을 계속 겹쳐 층을 쌓으면 벌크형을 만들 수 있다. 실제로 이러한 시도가 진행되고 있으며, 이러한 전지도 벌크형이라 부르기도 하지만 아직까지 이렇게 박막형을 적층한 벌크형의 실제 전기 용량은 기존 '벌크형'에 못 미치고 있다.

요오드 리튬 전지

5-2

전고체 전지 개발은 어제오늘 시작된 일이 아니다. 1970년대에 개발된 심장 박동기pacemaker용 '요오드 리튬 전지lithium iodine battery'처럼, 이미 완성되어 상용화된 전고체 전지도 있다. 이것이 세계 최초의 고체 전지라 할 수 있는데, '요오드 리튬 전지'가 개발된 경위를 자세하게 살펴보자.

수은 전지

초기 심장 박동기에 사용된 전지 중에 수은 전지가 있었다. 이 전지는 실온20℃에서 자기 방전율self-discharge rate이 해마다 7% 정도로, 이론적으로는 5년 동안 계속 사용해도 전지 용량의 65%가 남아 있었다. 하지만 실제 심장 박동기에 수은 전지를 사용해보니 2~3년 만에 전지 용량이 모두 소모되어버렸다. 그 이유는 환자의 체온 때문이었다.

일반적으로 화학 반응은 온도가 10℃ 상승하면 반응 속도가 2배가 된다. 이 때문에 37℃의 체온을 가진 사람의 경우 실온(20℃)일 때보다 전지의 자기 방전이 약 3배 증가하고 수은 전지의 자기 방전율은 해마다 20%가 되어서 2~3년 안에 전지 용량이 모두 소진되어버린 것이다.

요오드 리튬 전지

이때 등장한 것이 요오드 리튬 전지였다. 리튬은 전지의 활물질로 사용했을 때 이상적인 물질이지만, 전지에 꼭 필요한 전해액인 물에 폭발적으로 반응하기 때문에 실용화가 늦어지고 있었다. 그러나 요오드 리튬 전지는 물을 전혀 포함하지 않는 고체 전해질을 사용한 전지였다. 요오드 리튬 전지는 1968년에 미국에서 발명되었으며 1974년부터 심장 박동기에 사용되었다.

요오드 리튬 전지의 구조

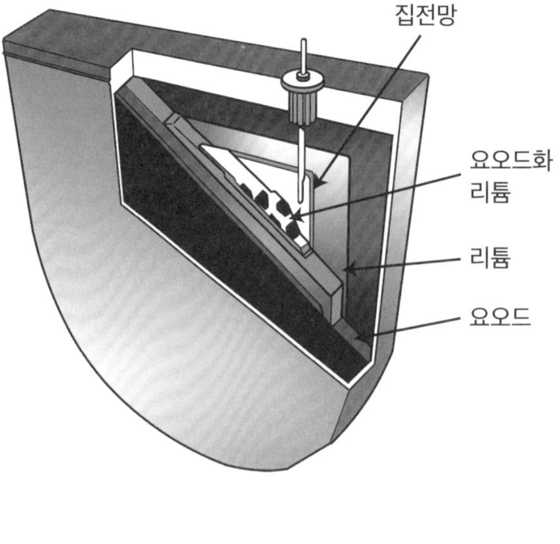

전지 구조는 앞의 그림처럼, 금속 집전망 양쪽에서 음극의 활 물질인 금속 리튬을 압착한다. 양극은 72시간 동안 150℃로 가열 용해하여 제작한 요오드와 폴리2-비닐피리딘의 혼합물이다. 이것을 음극 주위에 흘려 넣어서 식혀 고체화한 것이다. 즉, 음극-집전망-양극으로 구성된 단순한 전지 구조를 갖는다.

발전 메커니즘 power generation mechanism

녹은 요오드가 리튬에 닿으면 양쪽 물질 사이에 결정화된 요오드화 리튬LiI의 반도체층이 생성되고 이것이 전해질로서 기능하게 된다. 이 요오드화 리튬은 전지의 방전으로 생성되고, 방전됨에 따라서 요오드

Electrochem(Greatbatch)의 산업기기 및 의료기기용 요오드 리튬 전지. Greatbatch는 미국의 발명가, 윌슨 그레이트배치(Wilson Greatbatch)가 설립한 회사로 이식형 심장 박동기에 요오드 리튬 전지를 처음으로 적용했다. 이를 계기로 심장 박동기 수명과 안전성을 크게 향상시키는 데 성공했다. (출처: Electrochem)

화 리튬층이 점점 두꺼워진다. 이 때문에, 전지가 방전될수록 전지의 내부 저항이 함께 증가해서 미사용 상태인 처음에는 내부 저항이 약 100W이지만 나중에는 약 10,000W 이상이 된다. 이 때문에 전지에서 생산할 수 있는 전류는 고작 0.1mA 정도이며 전지로서의 성능은 많이 부족하다고 할 수 있다.

이 전지는 단독으로 2.8V의 전압을 보이며, 체온보다 낮은 온도 환경에서 자기 방전이 연 0.2%로 매우 작아서 무엇보다 전지의 신뢰성이 높다는 점이 장점이다. 그래서 현재는 모든 회사가 생산하는 심장박동기에 사용되게 되었다.

자기 회복성

요오드 리튬 전지의 높은 신뢰성을 증명하는 것이 전지의 자기 회복성 self-repairability이다. 일반적으로 전지에서 문제가 되는 것은 방전으로 인해 석출된 금속이 전해액을 포함한 다공질 세퍼레이터의 구멍 속에서 금속 결정으로 성장해 양극과 음극 사이에서 쇼트를 일으키는 것이다. 이것은 전지에서 발열을 일으키고, 경우에 따라서는 폭발의 원인이 된다.

그러나 요오드 리튬 전지에서는 만약 전해질에 구멍이 생겨 양극과 음극 사이에서 쇼트가 발생해도 그 사이로 흐르는 전류에 의해 요오드화 리튬이 생성되어 구멍이 다시 막히게 된다. 이를 자기 회복성이라고 부르는데 이러한 특성으로 인해서 전해질에서 구멍이 생기는 현상을 피할 수 있으며, 단순한 전지 구조와 함께 높은 신뢰성을 확보할 수 있게 된다.

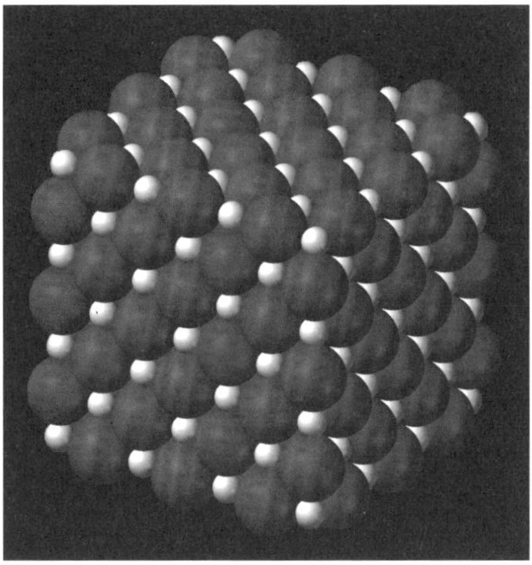

요오드화 리튬의 3D 입체구조. 요오드 리튬 전지는 세퍼레이터가 없는 안전한 전지로 알려져 있으며 심장 박동기 전지로 사용되고 있다.

(출처: Wikipedia)

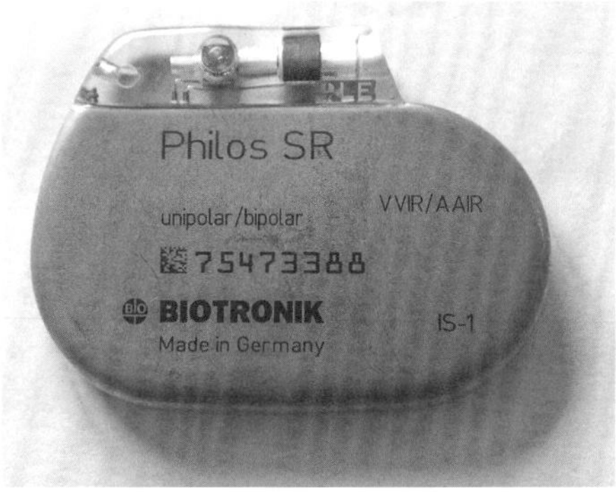

심장 박동기에 사용된 사례와 심장 박동기를 몸에 이식한 후 우심부 X선 사진 모습. 일반적으로는 좌심방(하얀색 화살표 부분)과 좌심실(검정색 화살표 부분)에 리드선이 있다.

(출처: Wikipedia)

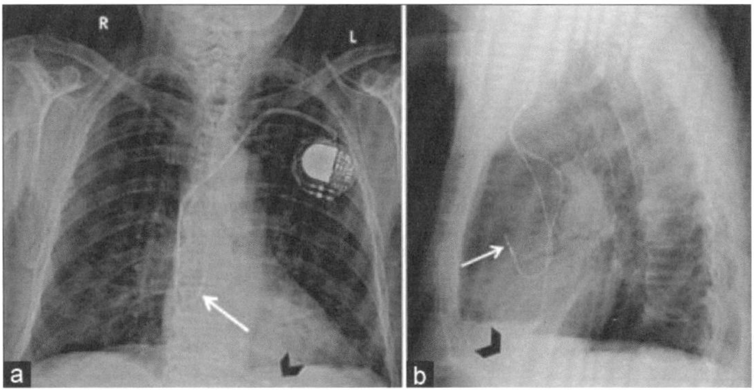

황화물형 전고체 전지

5-3

앞에서 살펴본 것처럼 고체 전해질로 사용하기 위해 여러 종류의 물질들이 개발되고 있는데, 그중에서도 황화물계와 산화물계가 있다. 전기자동차의 전지로는 황화물계가 주력으로 진행되고 있는데, 고출력 전지를 만드는 데 용이하기 때문이다. 여기에서는 황화물계 고체 전해질의 특징과 제작 방법에 대해 알아보자.

황화물형 전고체 전지의 특징

황화물계 고체 전해질은 연소되기 어려운 난연성이며 고전압하에서도 안정적이기 때문에 주목을 받고 있다. 또한, 분체(분말) 가압 방식powder pressurization technology을 이용하여 저온에서 성형할 수 있다는 제조법의 이점이 있다.

한편 황화물계 고체 전해질은 다음과 같은 해결해야 할 세 가지 과제가 있다.

① 황화물계 고체 전해질은 수분과 반응해 맹독성인 황화수소H_2S 기체가 발생한다.
② 파우더 간의 접촉 구조라서 계면 저항이 높아지면 출력 저하가 우려된다.
③ 활물질/고체 전해질의 계면 화학 반응에 따라, 이형접합상헤테로상, heterophase 형성이 생기면 리튬 이온의 이동성이 떨어지게 된다.

이러한 문제들을 극복하기 위해 고체 전해질 재료 탐색부터 제조 방법 개발까지 적극적인 연구가 이루어지고 있다.

압분 성형법

황화물형 전고체 전지는 분말 원료파우더를 가압 성형하는 압분 성형법 powder molding method 으로 만든다. 압분 성형법은 비교적 적은 양의 파우더로 만들 수 있다는 점이 장점이며, 특히 활물질이나 고체 전해질 재료 평가에 적합하다. 구체적으로 어떤 방법인지 살펴보자.

원료 혼합물 raw material mixture

- 황화물계 고체 전해질의 원료는 Li_2S와 P_2S_5를 볼밀 ball mill 로 기계 밀링 처리하여 합성한다. 기계 밀링 처리 조건을 변경함으로써 입자의 지름 크기를 제어할 수 있다.
- 황화물계 고체 전해질은 대기 중에 있는 미량의 수분과도 쉽게 반응하여 황화수소 기체를 발생시키기 때문에 실험할 때는 매우 낮은 이슬점 dew point, 수증기가 응축되어 이슬이 맺히는 온도, 즉 −80℃ 이하의 온도를 유지할 수 있는 글로브 박스 glove box 를 사용해야 한다.

일본의 맥셀은 2021년 9월, 황화물계 고체 전해질을 사용한 고전압 및 고출력에 특화된 코인형 전고체 전지 샘플을 2021년 11월에 선보일 예정이라고 발표했다. 앞선 2020년 9월에도 코인형 전고체 전지를 발표했었는데 그때에 비해 전압은 약 2배인 5V, 출력은 약 5배의 성능을 실현했다고 한다. 사진은 개발 전지 샘플 이미지.

(출처: 맥셀 홀딩스 발표)

황화물계 고체 전해질 제작

- 원료 파우더를 성형 틀에 넣고 핸드 프레스기를 사용하여 가압한다.
- 양극층은 양극 활물질, 도전 조제conductive auxiliary, 황화물계 고체 전해질을 건조해 혼합하고 다시 황화물계 고체 전해질층에 주입하여 가압하여 만든다.
- In-Li 합금을 전극으로 사용한다.
- 황화물계 전해질과 양극, 음극 전해질을 일정한 중량으로 제한해서 밀폐 용기에 함께 넣어서 완성한다.

산화물형(세라믹스형) 전고체 전지

5-4

이번에는 산화물형 전고체 전지의 특징에 대해 알아보자.

산화물형 전고체 전지의 장점

산화물형 전고체 전지의 첫 번째 특징은 안전하다는 것이지만, 안전성 이외에도 다음과 같은 장점이 있다.

① 산화물계 고체 전해질 재료는 내열성이 높기 때문에, 전자기기를 조립할 때 반도체 등을 프린트 배선 기판에 일괄적으로 고정하는 공정에서 전지를 함께 장착할 수 있다. 이렇게 하면 전지 조립 작업이 매우 쉬워져서 조립 비용 절감이 가능하다.

② 또한, 작은 전지를 프린트 배선 기판상의 틈새나 빈 공간에 탑재함으로써 효율적인 장착이 가능해지고, 전자기기의 소형화 및 디자인의 자유도 향상에 공헌할 수 있게 된다. 즉, 웨어러블 기기wearable device에 요구되는 디자인과 미적 특성을 동시에 추구하기 쉬워진다.

전지 성능과 소재

일반적으로 이차 전지는 사용하는 전극 재료의 물성에 따라 에너지 밀도 및 파워 밀도, 수명, 출력 전압 등이 달라진다. 보다 고성능인 이차 전지를 만들기 위해서는 목적에 맞는 특성을 실현할 수 있는 전극 재료를 선택하는 것이 중요하다. 그러나 실제로는 전해질 등 전지 내 다른 재료와의 궁합이 중요하기 때문에 전극 재료를 자유롭게 선택하기 쉽지 않다. 그러나 산화물계 고체 전해질은 화학적으로 안정하기 때문에 용도에 따른 전극 재료를 비교적 자유롭게 선택할 수 있다. 이러한 특징은 새로운 우수한 전극 재료를 개발했을 때 비교적 쉽게 대응할 수 있는 장점이 된다.

에너지 밀도

앞으로 전지의 소형화에 대한 요구가 높아질 것을 예상하면 현재의 리튬 이온 이차 전지도 에너지 밀도가 충분하다고는 말할 수 없다. 전극 재료를 개선하여 더 작은 크기에 더 많은 전력을 저장할 수 있는 이차 전지가 필요하다. 산화물형 전고체 전지 기술이 확립된다면 새로운 전극 재료를 빠르게 실용화할 수 있을 것으로 보인다. 산화물형 전고체 전지는 안전성 등의 다양한 장점이 있지만, 에너지 밀도를 향상하기 어렵다는 문제점이 있다.

산화물형 전지의 에너지 밀도 향상이 어려운 이유는 단단한 세라믹 미세입자를 사용해서 점토 형태로 만든 세라믹스를 소결sintering, 분말체를 적당한 형상으로 가압 성형해 가열하고, 서로 단단히 밀착하여 덩어리로 만드는 현상시킨 다음 고체 전해질을 만들기 때문이다.

개선점

에너지 밀도를 높이기 위해서는

① 고체 전해질 내부에서의 전하 이동을 원활하게 해야 한다.

② 전극과 고체 전해질을 밀착시켜 전하가 서로 전달되는 현상을 용이하게 해야 한다.

이 두 가지 과제를 해결해야 한다.

두 문제 모두 재료 개발과 함께 성형 및 소결 프로세스 개발이 중요하다. 딱딱한 입자를 소결시키면 고체 전해질 표면에 미세한 요철이 생겨서 표면이 거칠어지기 때문에 전극과의 접촉이 좋지 못하다. 반면 황화물계 재료는 고무처럼 유연한 기계적 성질이 있기 때문에 전극과 잘 밀착이 된다.

이러한 점들을 고려하면 세라믹스는 세라믹이 가지고 있는 특성에는 없는

① 저온성형 low-temperature molding

② 유연성 flexibility

이라는 새로운 다른 특징이 필요하다고 생각된다.

휴대성

5-5

스마트폰처럼 항상 휴대하면서 사용하는 모바일 기기에 요구되는 기능 중 첫 번째는 안전성이다.

산화물형과 황화물형

모바일 기기의 안전성을 높이기 위해서는 현재 리튬 이온 이차 전지를 근본적으로 개량할 필요가 있다. 이러한 요구에 부응할 수 있는 기술로서 큰 기대를 걸고 있는 것이 전고체 전지이다. 리튬 이온 이차 전지의 안전성을 떨어뜨리는 원인이 되는 가연성 액체 전해질이나 세퍼레이터 등을 안정성이 높고 연소하지 않는 고체 전해질로 바꾸면 전지의 안전성을 눈에 띄게 향상할 수 있다.

　모바일 기기에는 전고체 전지 중에서도 특히 안전성이 높은 산화물형이 최적이라고 생각된다. 사실 황화물형, 산화물형 모두 현재 상태의 리튬 이온 이차 전지와 비교하면 안전성이 현저히 우수하다. 그

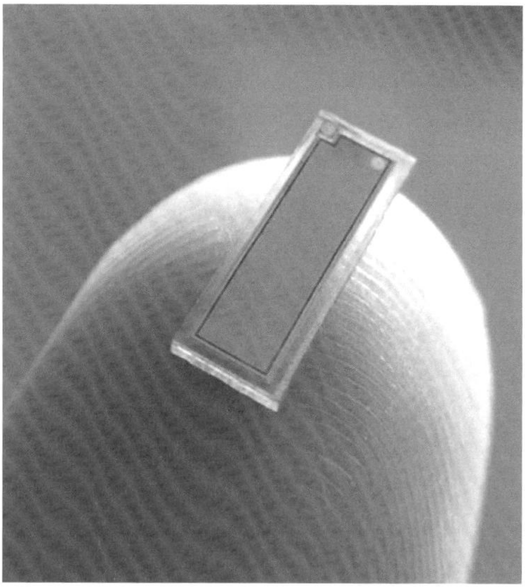

◎ 2019년 4월에 영국의 Ilika(일리카)는 의료용 임플란트 기기용 전고체 전지, Stereax M50을 발표했다(사진 참조). Stereax M50는 최대 10년 동안 사용할 수 있으며 전류 누설이 작다는 특징을 갖고 있기 때문에 의료용 임플란트 기기에 적합하다고 한다. 일리카는 스마트홈, 스마트시티, 산업용 IoT 기기, BEV 분야에도 Stereax를 적용, 확대해나갈 계획이라고 한다. 아래 사진은 제품에 적용했을 때의 사진이다. (출처: Ilika)

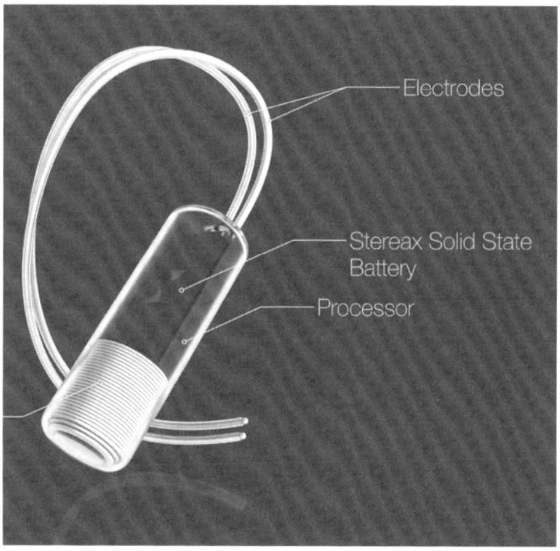

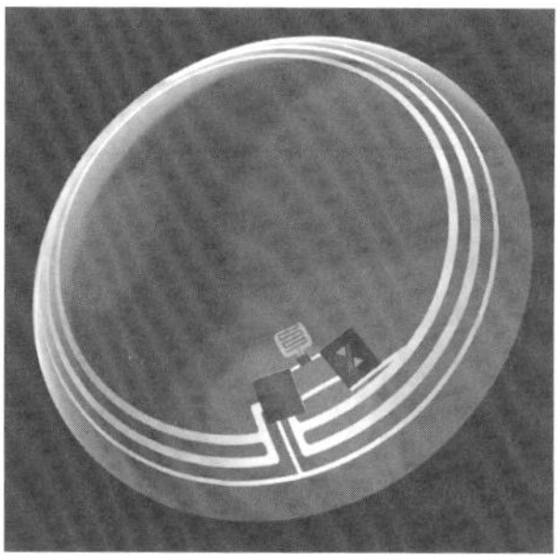

러나 황화물계 고체 전해질은 전지가 파손될 때 공기 중에 포함된 수분과 닿게 되면 독성이 강한 황화수소 기체가 발생할 수 있다.

이를 고려하면, 차량 외부 공간에 전지를 설치하는 전기 자동차에는 활용할 수 있겠지만, 인간이 직접 휴대하는 모바일 기기에 사용하기에는 위험하다. 이 때문에 안전성 확보에 만전을 기해야 하는 모바일 기기에는 산화물형을 적용하는 것이 더 적합하리라 생각된다.

또한, 사용자의 활동 상황이나 건강 상태를 저장한 데이터를 수집 처리하고, 통신으로 정보를 출력하는 기능이 모바일 기기에 점점 더 요구되고 있다. 이에 대응하기 위해서는 장시간에 걸친 이용이 가능한 전지의 지구력과 돌발적인 고부하 처리에도 대응 가능한 순발력이 요구된다. 이를 위해서라도 산화물형 전고체 전지의 에너지 밀도를 높이는 연구가 필요하다.

전고체 전지의 가능성

5-6

전고체 전지는 기존 전지와는 전혀 다른 방식으로 사용될 것이다. 또한 전해질은 물론 전극 재료에도 기존 재료를 대체할 수 있는 새로운 재료의 발굴과 선택 가능성이 존재한다. 전고체 전지에는 과연 어떤 미래가 기다리고 있는지 알아보자.

전해질의 조합

전고체 전지의 포인트는 전지 내부의 전해질이 고체라는 것이다. 즉 전해질이 고체이기 때문에 '다양한 고체 전해질을 조합해서 함께 쓸 수 있다'는 장점이 있으며, 서로 다른 고체 전해질들을 조합함에 따라서 다양한 전고체 전지를 설계할 수 있다. 액체 전해질을 사용하는 전지에는 불가능한 일이다.

BMW가 투자하고 있는 전지개발기업 솔리드파워(Solid Power Inc)가 제조한 20Ah 용량의 전고체 전지(위), 솔리드파워는 2022년 전고체 전지 파일럿 생산 준비를 위해서 미국 콜로라도주에 있는 공장(아래)을 확장 중이다.

부피의 변화

전고체 전지는 온도나 가동 상황에 따라서 부피가 크게 팽창하거나 수축할 수 있다. 이는 전고체 전지를 부품으로써 전자기기에 다른 부품들과 함께 탑재할 경우, 다른 부품에 물리적인 자극을 주게 되어서 고장의 원인이 될 수 있다. 간단해 보이지만 반드시 해결해야 할 문제이다.

소재의 발굴과 개발

전고체 전지에 사용하여 우수한 효과를 낼 수 있는 물질을 찾는 것이 급선무다. 전지에 사용 가능한 소재는 무수히 많다. 게다가 그 소재들의 조합, 배합 비율의 변화에 따른 경우의 수는 셀 수 없을 정도일 것이다. 하지만 이 조합을 실험을 통해 확인하는 것은 물리적으로 불가능하다. 따라서, 컴퓨터를 사용하는 인공 지능Aritificial Intelligence, AI 이나 기계 학습Machine Learining 을 이용한 이른바 소재 정보학Material informatics, MI 이 필요하며 최근에는 실제로 소재 개발에 적용하고 있다.

축전 기능이 포함된 태양 전지

전고체 전지는 축전지로서의 기능도 기대가 된다. 날씨에 따라 발전량이 좌우되는 태양 전지는 전력을 저장하는 축전지storage battery 가 필요하지만, 정전이 일어났을 때 이 전지를 통해 전력을 공급받을 수 있는 이점이 있다

태양 전지는 전형적인 전고체 전지 중 하나다. 최근에는 결정 실리콘계 태양 전지보다 빛을 많이 흡수할 수 있는, 박막형 비정질 실리콘계 태양 전지도 많이 볼 수 있게 되었다. 이러한 박막형 태양 전지는

얇고 가볍기 때문에 지붕에 설치할 경우 집에 미치는 하중 부담이 적다. 현재의 태양 전지는 주간햇빛이 비치는 동안에 전기를 만들어서 축전지에 저장해놓고 야간에 사용할 수 있다.

따라서 이것은 나의 개인적인 생각이지만 태양 전지와 축전지를 한 개의 전지로 합쳐보면 어떨까? '축전이 가능한 태양 전지'. 용도는 무한히 넓어질 것이다.

전고체 전지 기술의 개발과 미래

요오드 리튬 전고체 전지가 심장 박동기에 처음 사용된 이래, 고체 전지의 개발에 큰 진전은 없었으며 전지 전해질은 '액체 전해질'을 주로 사용해왔다.

그러나 일본에서는 꾸준히 고체 전해질 연구를 진행해 마침내 기술적인 돌파구breakthrough를 찾게 된다. 2000년대에 들어서 황화물계와 산화물계의 계면 제어 방법이 발견된 것이다. 이어서 2011년에는 초이온 도전성 재료superionic conducting materials를 발견하고, 전해액에 뒤지지 않는 전도도conductivity가 나온다는 사실을 밝혀냈다.

이 두 가지 발견에 따라 고체 전지는 다시 한번 주목을 받게 되었다. 실험실에서 황화물계 고체 전지를 시험해본 결과, 이미 현재 리튬 이온 전지의 성능을 뛰어넘었다.

그렇다면 현재 전고체 전지 기술은 일본이 세계 최고 수준일까? 앞에서 이야기한 두 가지 새로운 발견에 이르기까지는 일본이 전고체 전지 기술 개발에 있어서 제일 앞서간다고 여겨졌다. 하지만 이러한 새로운 발견 이후, 이 영역에 전 세계의 연구자들이 모여 후속 연구에 몰

◉ 지붕에 설치된 태양 전지도 경량화가 진행되었다. 비정질 박막형 태양 전지의 등장으로 이전보다 주택 자체에 부담이 줄어들었다. 사진은 예전에 자주 볼 수 있었던 지붕용 태양 전지(위)와 최근에 외관에 신경을 쓴 지붕용 태양 전지(아래)의 예이다.

◉ 주택에 태양 전지와 축전 시스템이 있으면 주택 내부에 전력을 쉽게 조달할 수 있으며, 사용하고 남은 전력은 잉여 전력으로 판매도 가능하다. 또한 자연재해로 인한 정전이 발생했을 경우에도 축전 시스템에서 전력을 공급할 수 있다.

입하고 있기 때문에, 앞으로의 이차 전지 연구 기술은 어느 나라가 앞서 나갈지 누구도 장담할 수 없게 되었다.

6장

화학 전지의 원리와 구조

전지는 금속이 일으키는 화학 반응 에너지를 전기 에너지로 변환해주는 장치이다.
1800년에 처음 제작된 전지가 화학 반응을 이용한 것이었기 때문에
화학 전지로 불리게 되었으며, 현재까지도 대부분의 전지 형태이다.
하지만 전지에는 화학 전지 이외에도 태양 전지처럼
전혀 다른 원리로 전기 에너지를 만드는 것도 있다.

전류와 전자

6-1

앞장까지 현재 가장 주목을 받고 있는 전고체 전지에 대해서 살펴보았다. 전고체 전지가 어떤 원리로 작동하고 기존의 일반적인 전지와는 어떻게 다른지, 그리고 전지의 구조와 장단점은 무엇인지, 어떤 용도로 사용이 가능하며 앞으로 어떤 점들이 더 개량되어야 하는지는 어느 정도 이해했으리라 생각한다.

전기는 무엇인가?

그러나 아직도 전지의 작동 원리에 대해 알쏭달쏭하게 느껴지는 독자들도 있을 것이다.

예를 들어서,

"전지는 어떻게 전기 에너지를 만들까?"

"손전등과 같은 원통형 물체에 들어가 있는 건전지는 어떻게 밝게 빛flashlight을 낼까?"

"전지는 어떻게 모터를 돌리는 에너지를 만들까?"

"바로 구매한 전지와 다 사용한 전지는 어떤 차이점이 있을까?"

위와 같은 궁금증들을 가진 독자들도 있을 것이다. 또는, 더 근본적인 질문도 할 수 있을 것이다.

"전기는 무엇일까?"

"전기는 보이지도 않는데 대체 무엇을 전기라고 부르는 거지?"

그래서 여기서는 위와 같은 궁금증 내지는 의문점에 대한 답을 알아보기로 한다.

원자는 전기적으로 (-)전하를 띠는 전자와 (+)전하를 띠는 원자핵으로 구성되어 있다.

고등학교 화학 시간에 모든 물질은 '원자'라는 아주 작은 입자로 이루어져 있다고 배웠을 것이다. 원자는 몇 개의 전자e로 표시로 만들어진 구름 같은 형태의 '전자 구름'으로 이루어진 둥근 구형이며, 그 중심에는 매우 작지만 매우 무거운즉, 밀도가 크며 원자 무게의 대부분을 차지하는 원자핵이 있다.

전자는 입자이며 1개의 전자는 −e 전하를 가진다. 1개의 원자핵은 여러 개의 양성자p로 표시와 역시 여러 개의 중성자n으로 표시로 구성되어 있다. 1개의 양성자는 +e 전하를 갖지만 중성자는 전기적으로 중성이며 전하는 갖지 않는다.

보통 원자에서 원자핵을 구성하는 양성자의 개수z개와 전자 구름을 구성하는 전자 개수는 똑같다. 즉, 양성자, 전자 모두 똑같이 z개씩이다. 따라서 전자 구름의 전하-z와 원자핵의 전하+z는 서로 상쇄되므

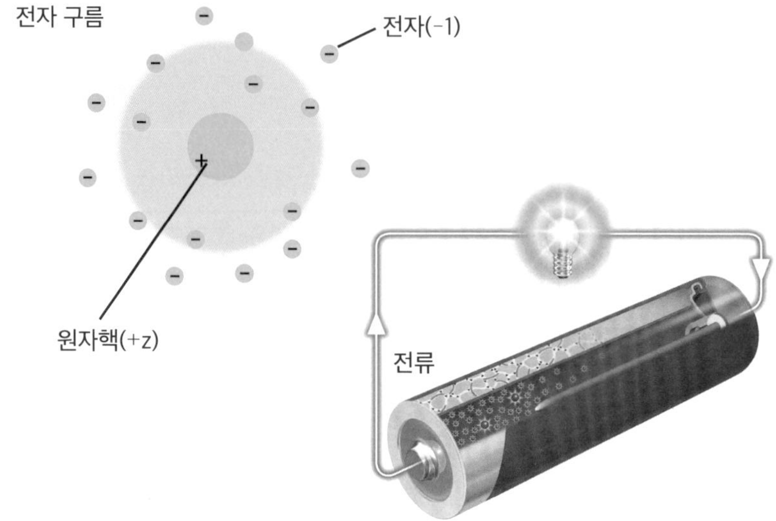

로 (−z)+(+z)=0, 그러므로 원자는 전기적으로 중성이다.

금속 결합은 정전 인력

원자에 있는 전자가 항상 원자핵 주변에 달라붙어 있지는 않다. 조건만 허락되면 원자핵의 주변을 벗어나 자유롭게 움직이는 게 가능하며 다른 원자로 옮겨 갈 수도 있다. 특히 금속 원자의 전자는 매우 자유롭게 움직이는 성질을 가지는데, 이를 자유 전자free electron라고 부른다.

고체 금속금속 결정의 모식도를 살펴보면, 금속 원자 M에는 수십 개의 전자가 존재하는데, 이 중 몇 개n개라고 표현하자는 원자가 전자valence electron라고 부르며 아주 자유롭게 움직이고 있다. 이 원자가 전자들이 자유 전자들이다. 이렇게 되면 금속 원자 M은 n개의 자유 전자들을 내놓고 금속 이온 M^+가 된다. 금속 원자에서는 이 금속 이온이 3차원적으로 정렬해 배치되어 있는데 그 틈새에서 자유 전자가 자유롭게 움직이고 있는 것이다. 금속 이온은 (+)전하를 띠며, 전자는 (−)전하를 띠고 있다. 그 결과, 금속 이온과 자유 전자 사이에는 정전기적 인력electrostatic attraction이 발생한다. 이러한 인력이 금속 원자들을 결합하고 있는 힘, 즉 금속 결합의 정체이다. 다시 말해, 마치 나무로 만든 가구에서 나무와 나무 사이를 풀로 잘 붙여놓은 모양같이, 금속에서는 공과 같은 형태를 가지는 (+)전하의 금속 이온이 (−)전하의 전자와 서로 잘 결합되어 있다.

전류는 전자의 흐름

이러한 금속의 고체 덩어리혹은 결정를 생각해봤을 때 덩어리의 한쪽 끝A로 표시을 (+)라고 하고 반대쪽B로 표시을 (−)라고 하면 전자는 전하에 이끌려서 다음 페이지의 그림과 같이 B에서 A로 이동할 것이다. 이때 전자의 이동, 즉 전자의 흐름이 전류이다. 그런데 어찌 된 일인지, 전자의 이동 방향과 전류의 방향은 반대로 정의한다. 즉, 전자가 B에서 A로 이동할 때 전류는 A에서 B로 흐르는 것으로 정의한다. 그 이유는 금속에서 전자가 전류를 흐르게 한다는 사실이 전류를 정의한 것보다 훨씬 뒤에 발견되었기 때문이다. (78쪽에서 그 이유를 설명했다.) 이러한 사실로 전기 전도도는 다음과 같이 명확하게 이해할 수 있다. 즉 자유 전자가 이동하기 쉬우면 전도도가 높아지고, 이동하기 어려우면 전도도는 낮아진다.

고체 금속(금속 결정) 모식도

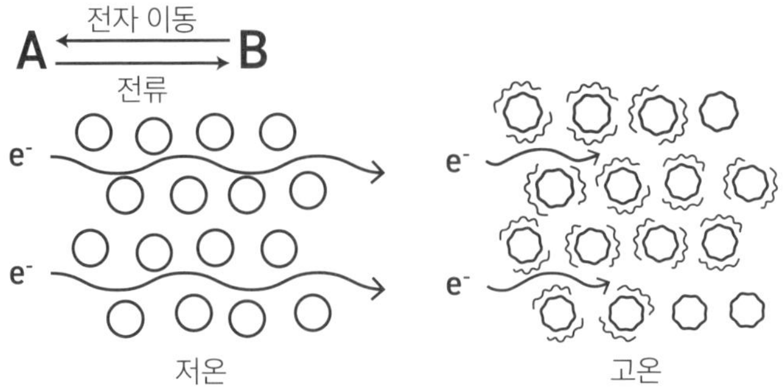

금속 전도도와 온도

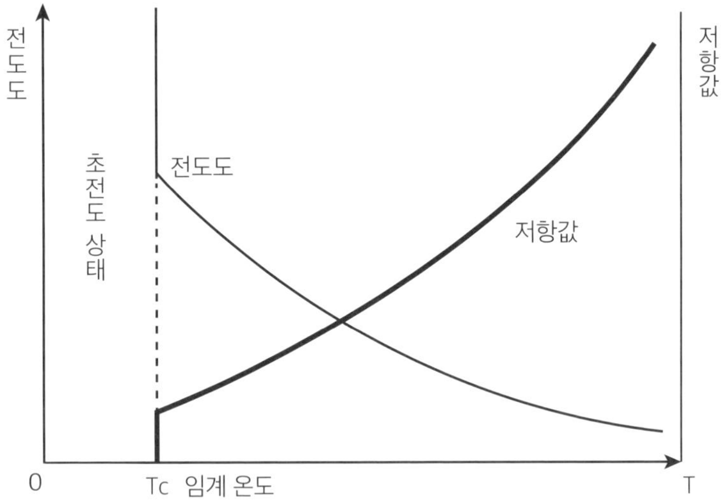

자유 전자가 금속 안을 이동하려면 금속 이온들 사이를 지나가야 한다. 그런데 금속 이온들은 상온에서 열 진동thermal vibration을 하며, 온도가 올라갈수록 열 진동은 격렬해지게 된다. 즉, 금속이 고온이 되면 전자는 금속 이온의 열 진동에 의해서 방해를 받아 이온 사이를 통과하기 어려워져 전도도가 낮아진다. 이에 반해 많은 금속은 절대 온도0K, -273.15℃에 가까운 극저온보통 4.2K 이하 상태가 되면 전도도가 무한대∞, 즉 전기 저항이 0의 상태=초전도superconductivity 상태가 된다.

6-2

금속의 용해와 산화 환원

앞에서 전류는 전자의 이동이라는 것을 알았다. 한편, 중고등학교 화학 시간에 배운 산화와 환원이라는 화학 반응을 기억할 것이다.

산화, 환원

중고등학교 화학 시간에서는 아마도 '산화, 환원은 산소의 주고받음'이라고 배웠을 것이다. 즉, 어떤 물질 A가 산소O와 결합해서 AO가 되면 A는 산화된 것이고 AO가 산소를 잃고 A가 되면 AO는 환원된 것이라고 말한다. 물론 틀린 말은 아니다.

하지만 좀 더 정확하게 이야기하면 '산화, 환원'은 '전자의 주고받음' 즉 전자의 교환을 의미한다. A가 전자를 잃어서 양이온 A^+가 되었을때 'A는 산화되었다'라고 한다(반응식 ①).

반대로 A가 전자를 받아서 음이온 A^-가 되면 'A는 환원되었다'라고 한다(반응식 ②).

따라서 반응식 ③에서는 'A는 산화되고 B는 환원되었다'라고 말한다. 이와 같이 전기 화학반응은 산화, 환원 반응과 밀접한 관계가 있다. 전기 과학과 전지 과학은 화학과 밀접한 관계가 있다고도 말할 수 있다.

$$A - e^- \xrightarrow{\text{A는 산화됨}} A^+ \quad ①$$

$$A + e^- \xrightarrow{\text{A는 환원됨}} A^- \quad ②$$

$$A + B \rightleftharpoons A^+ + B^- \quad ③$$

금속의 녹는 현상

많은 금속은 산acid에 녹는다. 금속이 산에 녹는 현상은 전지에서 매우 중요한 현상이며, 전지 제작에서 가장 기본적인 화학 반응이라 할 수 있다.

황산H_2SO_4 수용액묽은 황산에 금속 아연Zn 판plate을 넣으면 발열이 일어나서 아연판 표면에서 거품이 남과 동시에 아연판은 서서히 녹아서 작아지게 된다. 이때 이 거품을 모아서 불을 붙이면 소리를 내면서 타버리는데, 이러한 현상을 통해 거품 기체의 정체가 수소 기체H_2임을 알 수 있다.

이러한 현상의 이유는 Zn이 전자e^-를 내놓고 아연 양이온Zn^{2+}이 되어 묽은 황산 안에서 녹기 때문이다(반응식 ④). 묽은 황산은 산이기 때문에 용액 안에는 수소 양이온H^+이 존재한다(반응식 ⑤). 이때 Zn이 내놓은 e^-는 H^+와 반응하여 수소 원자 H가 되며(반응식 ⑥) 2개의 수소 원자가 서로 결합해서 수소 분자H_2가 되어 거품, 즉 기체가 된다(반응식 ⑦).

이 4개의 반응식 ④~⑦을 정리하면 반응식 ⑧이 된다. 이 일련의 반응은 아연Zn과 수소 이온H^+이 반응하여 아연 양이온Zn^{2+}과 수소H_2 기체가 생성되는 것을 나타낸다. 중요한 점은 이 반응으로 Zn이 전자를 잃어서 Zn^{2+}가 되는 현상이 일어났다. 즉 산화가 되었다는 것이다. 반면에 H^+는 전자를 받았기 때문에 환원이 되었다. 다시 말해 금속의 용해는 일종의 산화 환원 반응이며 녹기 시작한 금속Zn은 산화가 되는 것을 알 수 있다.

$$Zn \longrightarrow Zn^{2+} + e^- \quad ④$$

$$H_2SO_4 \longrightarrow 2H^+ + SO_4^{2-} \quad ⑤$$

$$H^+ + e^- \longrightarrow H \quad ⑥$$

$$2H \longrightarrow H^2 \quad ⑦$$

$$Zn + 2H^+ \longrightarrow Zn^{2+} + H_2 \quad ⑧$$

이온화와 금속화

이와 같이 금속은 전자를 내놓고 양이온 상태가 되는 성질이 있다. 그러나 금속에 따라 양이온 상태가 되는 정도는 다르다. 즉 양이온 상태가 잘 되는 금속이 있는가 하면 잘 안 되는 금속도 있다.

푸른색을 띠는 황산구리$CuSO_4$ 수용액에 아연Zn 판을 넣으면 아연은 발열하면서 녹지만 거품은 나지 않는다. 그 대신 아연판 표면이 붉게 변한다. 그리고 시간이 지남에 따라서 황산구리 수용액의 푸른빛이 점점 열어진다.

무슨 일이 일어난 것일까? Zn이 녹았다는 것은 Zn이 전자 e^-를 내놓고 Zn^{2+}가 되었음을 의미한다. 그러나 거품은 발생하지 않았기 때문에 Zn가 내놓은 e^-를 H^+가 받은 것은 아님을 알 수 있다. 그리고 황산구리 $CuSO_4$는 산acid은 아니기 때문에 수용액 속에는 H^+가 거의 존재하지 않는다.

그럼 무엇이 e^-를 받아들였을까? 황산구리 수용액 안에는 구리 양이온 Cu^{2+}이 존재한다. 용액이 띠는 푸른색은 구리 양이온의 색깔이다. 즉, Cu^{2+}가 e^-를 받아들이고 그 결과 환원되어 붉은빛을 띤 금속 구리 Cu로 바뀌게 된 것이다. 아연판 표면의 붉은색은 금속 구리의 색에서 비롯된 것이다. 따라서 이 반응에서는 구리 양이온이 환원되어 금속화된 것을 알 수 있다.

이온화 경향

위의 반응에서 Zn은 이온화되어 Zn^{2+}가 되었다. 하지만 Cu^{2+}는 환원되어 Cu로 바뀐다. 이는 Zn과 Cu를 비교했을 때 Zn 쪽이 양이온이 되는 성질, 경향이 강하다는 점을 알려준다. 이렇게 이온이 되려고 하는 성질의 세기를 나타낸 것을 이온화 경향ionization tendency이라고 한다. 이러한 산화 환원 반응을 다양한 금속판과 금속 황산염metal sulfate, M_xSO_4을 사용해서 실험해보면 금속 간 이온화되는 경향의 크고 작은 정도를 파악할 수 있다. 그림과 같이 금속을 이온화 경향 순으로 나열한 것을 이온화 열ionization sequence이라고 한다. 잘 녹지 않는 금속 중 하나인 금Au의 이온화 경향이 가장 낮은 것으로 나와 있다. 수소H는 금속은 아니지만 이온화 경향의 표준 기준standard reference 원소로 포함

이온화 경향

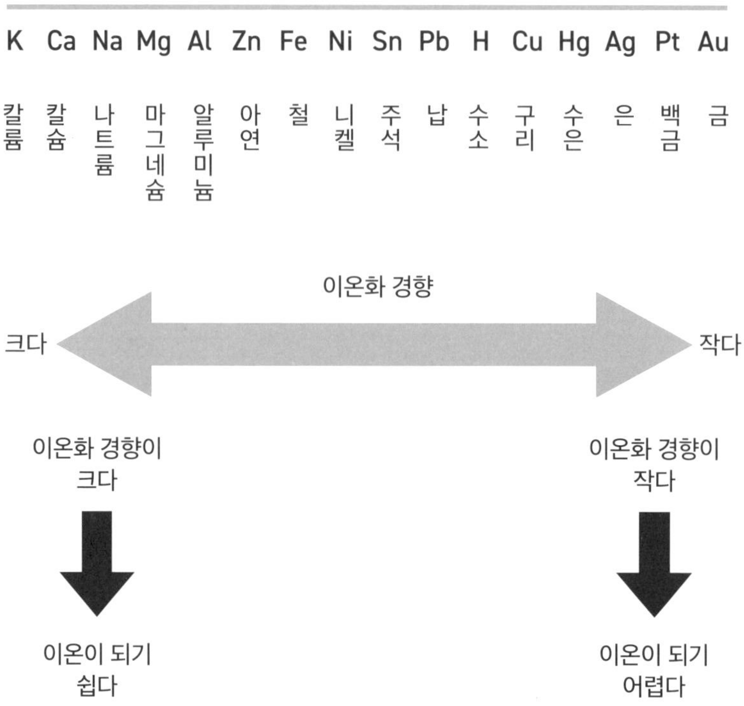

되어 있다.

이온화 경향은 용액의 농도에 따라 변화하므로 이온화 열이 절대적이지는 않지만, 유용하게 활용할 수 있다.

용해 에너지

6-3

화학 반응이라고 하면 보통 물질의 변화를 말한다. 숯탄소, C을 태우면산화 반응, 즉 산소O_2와 반응시키면 이산화탄소CO_2가 발생한다. 이 반응은 화학식 ①로 표현된다.

숯의 연소

그러나 숯을 태웠을 때 일어나는 현상은 이뿐만이 아니다. 숯을 태우면 열이 나서 뜨거워진다. 그리고 빛도 나기 때문에 주위가 밝아진다. 열이 나면 공기가 뜨거워져서 상승 기류가 일어나고 바람이 불게 된다. 숯에 함유되어 있던 수분은 증발하여 수증기가 되고 부피가 커지기 때문에 숯은 튀고 터지며 탁탁 소리가 난다.

화학식 ①에서는 이러한 현상에 대해서는 언급하고 있지 않다. 열이나 빛은 에너지이기 때문에 숯이 연소하면 이산화탄소라는 물질이 생성되는 것뿐만 아니라 에너지도 발생한다. 에너지가 발생했을 때,

즉 숯이 연소할 때의 화학 반응식을 ②와 같이 나타낼 수 있다.

$$C + O_2 \longrightarrow CO_2 \qquad ①$$

$$C + O_2 \longrightarrow CO_2 + \text{energy} \qquad ②$$

특히 식②를 열화학 방정식thermochemical equation이라고 한다. 그리고 여기에서 표현된 에너지를 일반적으로 반응 에너지연소 열라고 한다.

물질의 내부 에너지와 반응 에너지

알버트 아인슈타인Albert Einstein에 의해서 밝혀진 상대성 이론에 따르면 질량 m과 에너지 E는 별개의 양이 아니고 서로 변환될 수 있는 양이다. 즉, 질량과 에너지는 광속 c에 의해서 식 ③과 같은 관계를 갖는다.

$$E = mc^2 \qquad ③$$

이것은 모든 물질은 에너지 덩어리라는 것을 의미한다. 물질이 가지고 있는 에너지에서, 중심의 이동으로 인한 에너지를 제외한 모든 에너지를 물질의 내부 에너지라고 부른다. 내부 에너지는 원자의 결합 에너지, 그 결합의 신축stretching, 진동vibration 에너지, 그리고 원자핵 에너지 등 많은 종류가 있기 때문에 전체 에너지의 양을 아는 것은 불가능하다. 즉 숯C와 산소O_2가 반응하여 이산화탄소CO_2가 되었을 때 에너지가 발생했다는 것은, 'C와 O_2가 가진 내부 에너지의 합'과 'CO_2가 가진 내부 에너지' 사이에는 차이가 있고, 그 에너지 차이가 반응 에너지연소열가 되어 발생했다는 것이다.

180쪽의 그림은 이러한 에너지 관계를 나타낸 것이다. 세로축은

◉ 특수 상대성 이론과 일반 상대성 이론을 개발한 알버트 아인슈타인. (출처: Wikipedia)

에너지, 가로축은 반응 좌표이며 반응의 진행을 나타내는 시간 축이다. 숯의 연소 반응의 반응 물질계$C+O_2$와 생성 물질계CO_2의 내부 에너지를 비교해보면 반응 물질계의 에너지가 생성 물질계의 에너지보다 더 커서 연소 반응이 일어날 때 그 에너지 차이ΔE만큼 반응 에너지가 방출된다는 것이다.

금속이 녹아서 생긴 에너지의 변화

그러면 앞에서 본 아연이 묽은 황산과 반응하여 아연 이온이 되고 수소 기체를 발생하며 일어난 발열은 어떻게 생각하면 좋을까? 이것도 역시 숯의 연소 반응과 같은 형태이다.

발열이 일어났다는 것은 이 반응이 발열 반응이라는 것이고, 그것은 생성계가 반응계보다 더 낮은 에너지 상태라는 것을 의미한다.

이 반응을 나타내는 반응식은 앞의 174쪽에서 본 반응식 ⑧

내부 에너지와 반응 에너지

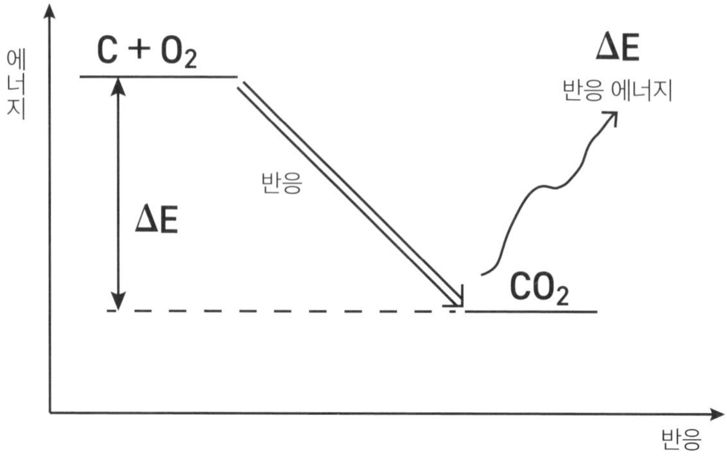

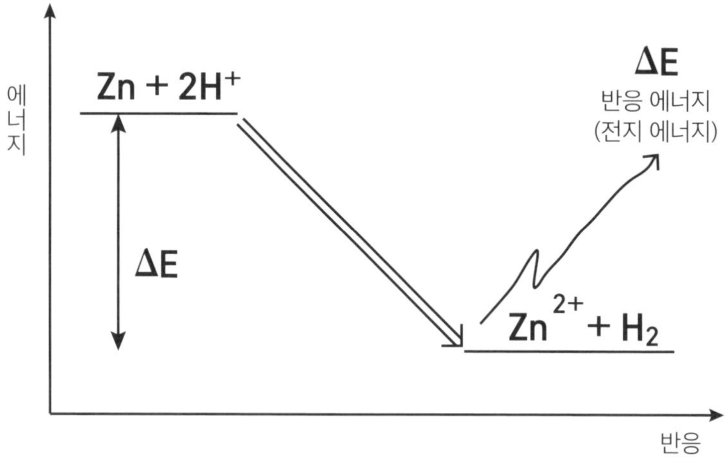

$Zn+2H^+ \rightarrow Zn^{2+}+H_2$ 이다. 여기에서 반응계는 '$Zn+2H^+$'이며, 생성계는 '$Zn^{2+}+H_2$'이다. 그리고 이 반응계와 생성계의 에너지 차이ΔE가 열로 방출된다. 이 발열 에너지를 자세히 살펴보면 Zn의 결정 파괴 에너지, Zn^+, H^+ 이온의 용매화 에너지 등을 대략 포함한다. 그리고 이 발열 에너지가 오늘날 전지 에너지가 되는 것이다.

세계 최초의 화학 전지: 볼타 전지

6-4

세계 최초의 전지는 1800년 볼타Volta의 실험에 의해 탄생했다. 볼타 전지는 전기 화학의 기본 원리에 충실한 전지였으며 이후 모든 전지의 기본이 되었다.

볼타 전지의 원리

금속은 산성 수용액에 녹는다. 그리고 녹을 때 이온화되어 전자를 산성 수용액으로 내놓는다. 이 전자는 수용액에 연결된 전선을 통해서 밖으로 흘러나오게 된다. 이것이 전류이고 전지의 기본 원리가 된다.

앞에서 언급한 바와 같이, 1800년 이탈리아의 물리학자인 알레산드로 볼타Alessandro Volta가 세계 최초로 전지를 만들었다. 볼타가 만든 화학 전지는 그의 이름을 따서 볼타 전지라고 하며, 비록 실용성은 낮았지만 전기 화학의 원리에 매우 충실한 전지였다. 볼타 전지의 구조는 아주 단순하다. 황산H_2SO_4 수용액에 아연Zn과 구리판Cu plate을 넣어서 모두 도선wire으로 연결한 구조이다. 반응이 시작되면 Zn이 녹으면서 Cu판에서 수소 기체 거품이 발생한다. 도선의 중간에 모터를 연결하면 모터는 회전하기 시작한다.

볼타 전지에서 일어나는 화학 반응은 다음과 같다.

① Zn이 e^-를 내놓고 Zn^{2+}인 상태로 황산 수용액에서 녹는다. (반응식 ①)
② Zn판에 남아 있는 e^-는 도선을 통해서 Cu판 쪽으로 이동한다.
③ Cu판으로 이동한 e^-는 황산 수용액에 있는 H^+로 이동한다.
④ H^+는 e^-를 받아들여 H가 되고 다시 H_2가 생성된다. (반응식 ②)
⑤ 반응식 ①과 ②를 합하면 반응식 ③이 된다.

이상이 볼타 전지의 전기 화학 반응과 원리이다.

$$Zn \longrightarrow Zn^{2+} + e^- \quad ①$$

$$2e^- + 2H^+ \longrightarrow H_2 \quad ②$$

$$Zn + 2H^+ \longrightarrow Zn^{2+} + H_2 \quad ③$$

앞에서 본 바와 같이, 전류는 전자의 흐름이다. 즉 위의 반응 ②에 나와 있듯이 전자가 Zn에서 Cu로 이동한 것이 바로 전류인 것이다. 그러나 앞에서 이야기한 대로 전류의 정의에 따라 전류는 Cu에서 Zn로 흐르는 것으로 표현된다. 이때 Zn는 전자를 발생하므로 산화 반응이 일어나고, 산화 전극이 되며 음극anode이라고 한다. 반면에 Cu는 전자를 받게 되므로 환원 전극이 되며 양극cathode이라고 한다.

● 이탈리아의 10,000리라 지폐(구 버전)에는 볼타 전지를 발명한 알렉산드로 볼타와 '볼타의 파일(Voltaic pile)'(왼쪽)이라 불리는 화학 전지가 그려져 있다. 아래 그림은 구리와 아연을 사용한 볼타 전지 구조를 나타내고 있다.

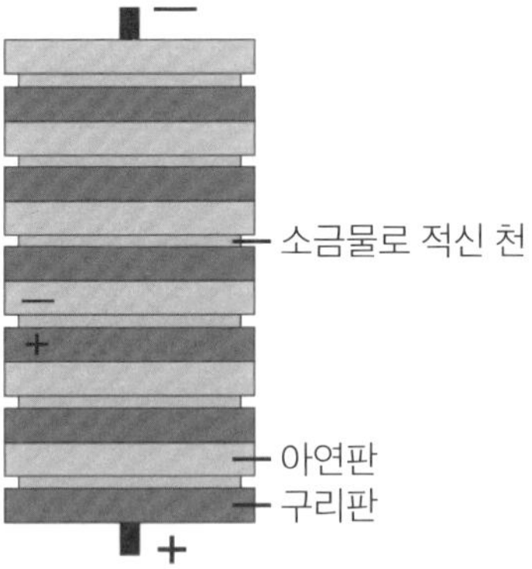

볼타 전지의 반응과 원리

금속의 용해

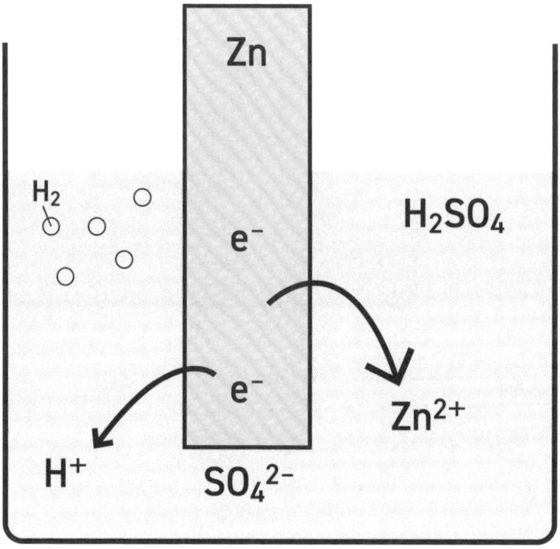

$$Zn \longrightarrow Zn^{2+} + 2e^- \quad ①$$

$$H_2SO_4 \longrightarrow 2H^+ + SO_4^{2-} \quad ②$$

$$H^+ + e^- \longrightarrow H \quad ③$$

$$2H \longrightarrow H_2 \quad ④$$

$$Zn + 2H^+ \longrightarrow Zn^{2+} + H_2 \quad ⑤$$

금속 용해와 석출

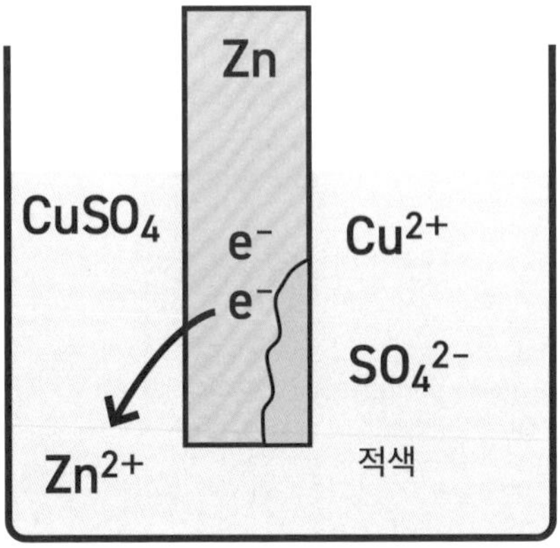

$$Zn \longrightarrow Zn^{2+} + 2e$$

$$2e^- + Cu^{2+} \longrightarrow Cu$$

볼타 전지

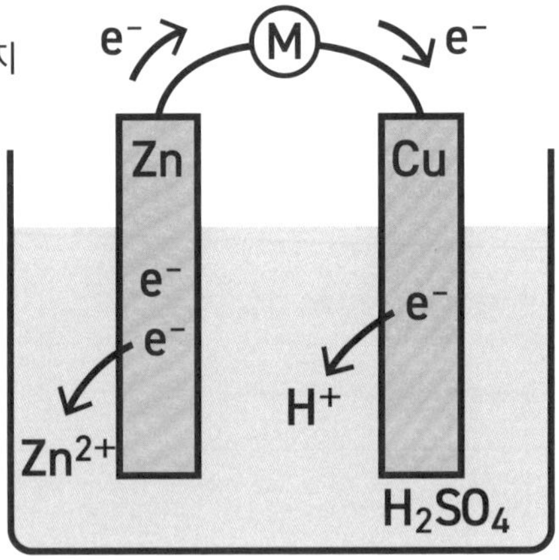

$$Zn \longrightarrow Zn^{2+} + 2e^- \quad ①$$

$$2e^- + 2H^+ \longrightarrow H_2 \quad ②$$

$$Zn + 2H^+ \longrightarrow Zn^{2+} + H_2 \quad ③$$

건전지의 원리와 구조

6-5

볼타 전지는 이온이 움직이는 매체, 즉 전해질로 액체 형태의 황산 수용액을 사용한다. 다시 말하면 액체 전지라고 할 수 있다. 액체는 운반할 때나 사용할 때 불편함이 발생하는데 이러한 불편함을 해결하려고 개발된 전지가 건전지다.

망간 건전지

건전지는 기본적으로 볼타 전지와 동일하다. 단, '건dry'전지라는 이름처럼 액체를 이용하지 않는 전지다. 볼타 전지에 사용되는 액체는 전해액electrolyte이라고 하며 전자를 이동시킬 수 있는 용액이다. 그렇다면 전자를 이동시킬 수만 있다면 전해액 물질로 반드시 액체를 사용할 필요는 없다.

이 관점에서 일본의 야이 사키조屋井先蔵가 에도 시대 말기1964년에 건전지를 발명했다. 하지만 그는 특허의 존재를 몰랐고 알았다고 해도

카를 가스너보다 먼저 건전지를 발명한 야이 사키조 (출처: Wikipedia)

돈이 없어 특허 등록을 하지도 못했을 것이다. 때문에 우리는 독일의 카를 가스너Carl Gasner 혹은 덴마크의 빌헬름 헬레센Wilhelm Hellesen이 19세기 말에 최초의 건전지를 발명했다고 알고 있다.

망간 건전지의 기본 구조는 그림과 같다. 음극으로 아연Zn, 양극으로 이산화망간MnO_2을 사용한다. 화학 반응은 음극에서는 Zn이 전자를 내놓아서 Zn^{2+}가 된다(반응식 ①). 한편, 양극에서는 그 전자를 MnO_2의 망간 +4가 양이온Mn^{4+}이 받아서 환원되어 MnO(OH)Mn^{3+}가 된다(반응식 ②). 즉, 아연은 Zn^0에서 Zn^{2+}로 산화되고, 망간은 Mn^{4+}에서 Mn^{3+}로 환원된다.

전해질은 이산화망간 분말과 전해액인 염화암모늄NH_4Cl 수용액, 또는 염화아연$ZnCl_2$ 수용액을 잘 섞어서 페이스트 형태로 만든 것을 사용한다. 이때 기전력은 1.5V이다.

망간 건전지 구조

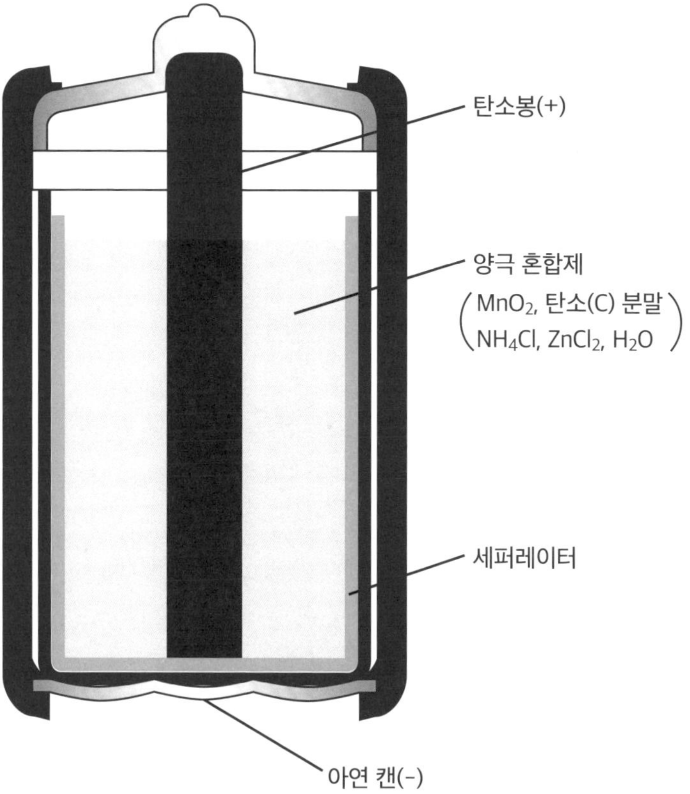

$$Zn \longrightarrow Zn^{2+} + 2e^- \quad ①$$

$$Mn^{4+} + e^- \longrightarrow Mn^{3+} \quad ②$$

건전지는 언뜻 고체로 보여 전고체 전지라고 생각할 수도 있지만 이처럼 전해질에 수용액이 사용되기 때문에 전고체 전지는 아니다.

알칼리 망간 건전지 구조

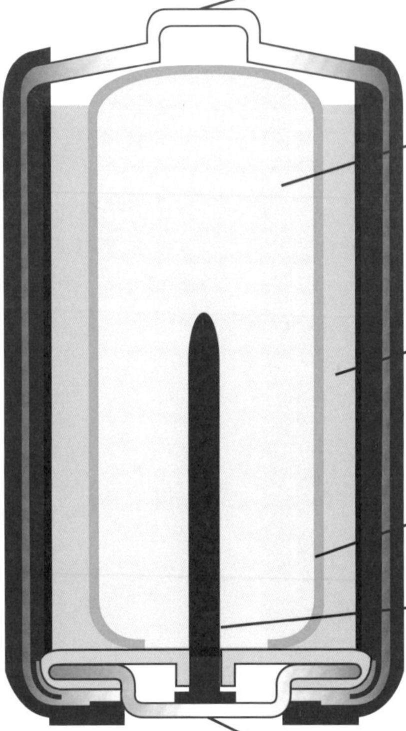

알칼리 망간 건전지

최근 자주 사용되는 알칼리 망간 건전지는 전해질에 알칼리성 수산화 나트륨[NaOH] 수용액을 사용해서 출력량을 늘린 전지를 말한다. 또한 음극은 아연판이 아니라 아연을 포함한 혼합물을 사용한다. 그리고 전자를 모으는 집전봉current collector을 양극으로 사용한다.

전기 에너지를 만드는 메커니즘은 망간 전지와 같으며 따라서 기전력은 망간 전지와 마찬가지로 1.5V이다. 일반적으로 높은 출력을 필요로 하는 경우에는 알칼리 건전지, 작은 출력의 경우에는 일반 망간 전지가 좋다고 알려져 있다.

그 이외의 다른 건전지

6-6

가정용 소형 가전제품에 사용되는 많은 전지는 버튼형 전지이다. 여기서는 버튼형 전지의 구조에 대해서 알아보자.

버튼형 전지의 종류와 구조

현대 생활의 많은 곳에서 건전지가 사용된다. 일상에서 사용하는 전기기구들은 소형화와 정밀화가 되어가고 있다. 이러한 트렌드에 맞추어서 등장한 것이 바로 버튼형 전지이다. 버튼형 전지는 건전지의 일종으로, 다음 페이지의 표에 주요 제품의 구조와 성능을 정리했다.

버튼형 전지에서 음극으로 쓰이는 것은 리튬Li이나 아연Zn, 양극으로는 망간Mn, 은Ag, 구리Cu, 심지어는 흑연C, 산소O 등으로 다양하다. 전해액도 알칼리 수용액, 유기 전해액 등으로 다양하며 그에 따라서 기전력도 1.35~3.0V로 폭이 넓은 편이다. 주로 사용되는 버튼형 전지에 대해 알아보자.

건전지 종류와 성능

이름	음극	양극	전해질	공칭전압 (볼트)
불화흑연 리튬 전지	리튬	불화흑연	비수계 유기전해질	3.0
이산화망간 리튬 전지	리튬	이산화망간	비수계 유기전해질	3.0
산화구리 리튬 전지	리튬	산화구리(II)	비수계 유기전해질	1.5
알칼리 전지	리튬	이산화망간	알칼리 수용액	1.5
수은 전지	아연	산화수은(II)	산화아연 수산화칼륨 용액	1.35
공기 아연 전지	아연	산소	알칼리 수용액	1.4
산화은 전지	아연	산화은	알칼리 수용액	1.55

◉ 왼쪽 사진은 러시아제 수은 전지이며, 아래 오른쪽은 보청기에 사용되는 공기 아연 전지, 아래 왼쪽은 손목 시계에 사용되는 산화은 전지.

(출처: Wikipedia)

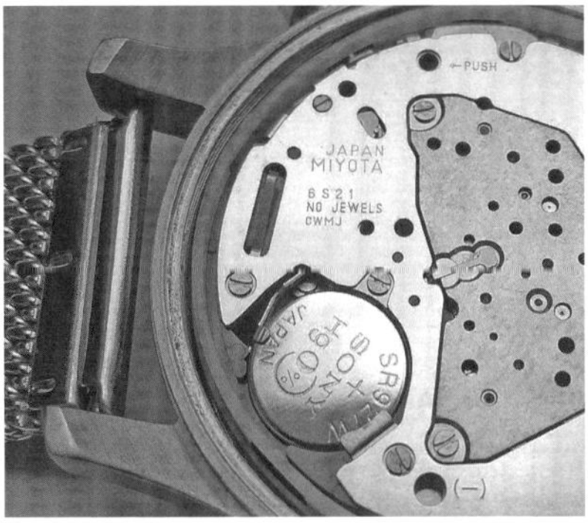

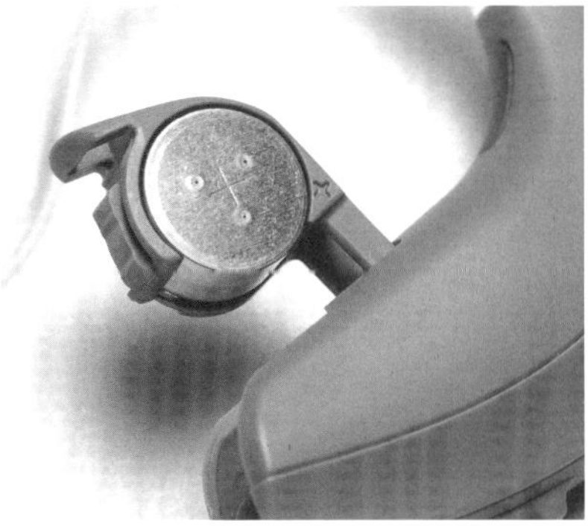

리튬 일차 전지

높은 전압에서 많은 전기 에너지를 만들 수 있으며, 게다가 수명도 아주 긴 매우 뛰어난 전지라고 할 수 있다. 형태도 동전형, 원통형, 핀형 등 다양하며, 특히 원통형은 컴퓨터나 비디오 메모리 백업용 등 컴퓨터의 주요 부품에 사용되고 있다.

동전형은 카메라나 손목시계 등에 사용되며 작은 핀 형태의 전지는 밤낚시를 할 때 불을 밝히는 역할을 한다. 또한 종이처럼 얇은 페이퍼형은 메모리카드나 IC 카드에 사용되며 수명이 길어서 5~10년까지도 사용이 가능하다고 한다.

동전형은 리튬 일차 전지 구조를 가지고 있으며, 이름 그대로 음극으로 리튬이 사용되고 있다. 리튬은 전자를 내놓고 양이온이 되는 경향이 강하기 때문에 음극 재료로는 최적이라고 할 수 있다. 리튬이 내놓은 전자를 받는 양극 재료는 망간 전지와 마찬가지로 이산화망간MnO_2을 사용한다. +4가 망간 이온Mn^{4+}이 전자를 받아서 +3가 망간 이온Mn^{3+}이 된다.

산화은 전지

산화은 전지의 특징은 전압이 일정하고 안정적이라는 점이다. 수명이 다하기 직전까지 거의 처음과 같은 상태의 전압을 유지한다. 따라서 카메라 노출계camera exposure meter, 쿼츠 시계quartz watch 등의 민감한 정밀도가 요구되는 전자 기기에 사용된다.

산화은 전지의 음극에는 아연이 사용된다. 양극으로는 산화은AgO을 사용하며, 은Ag이 +2가 상태에서 +1가 상태로 환원되면서

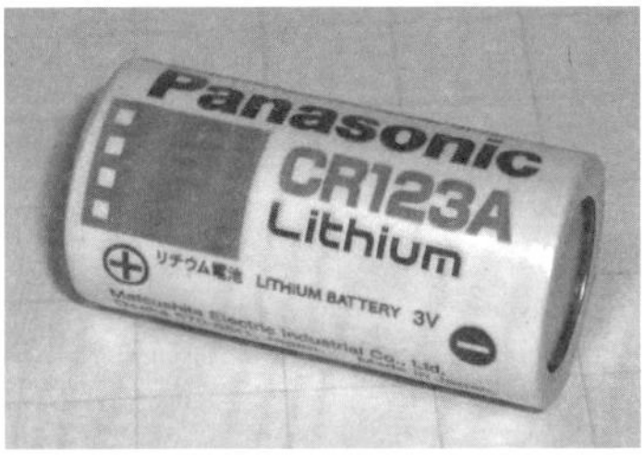

◉ 리튬 일차 전지 사진, 코인 형태가 가장 일반적이지만 원통형 또는 핀형 또한 널리 사용되고 있다. (출처: Wikipedia)

음극에서 내놓은 전자를 받아들인다.

리튬 일차 전지 구조

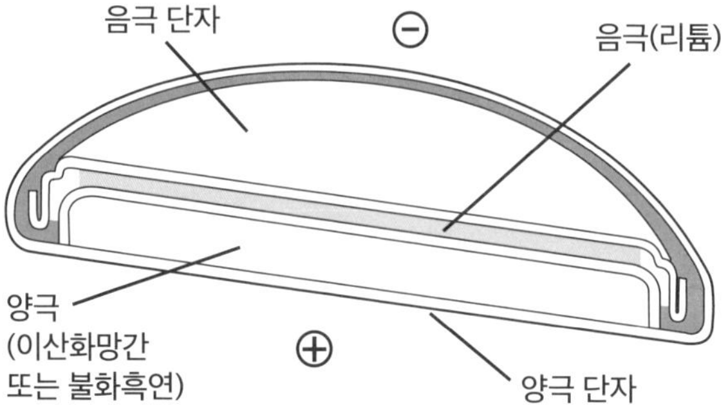

음극 $Li \longrightarrow Li^{+} + e^{-}$

양극 $Mn^{4+} + e^{-} \longrightarrow Mn^{3+}$

산화은 전지 구조

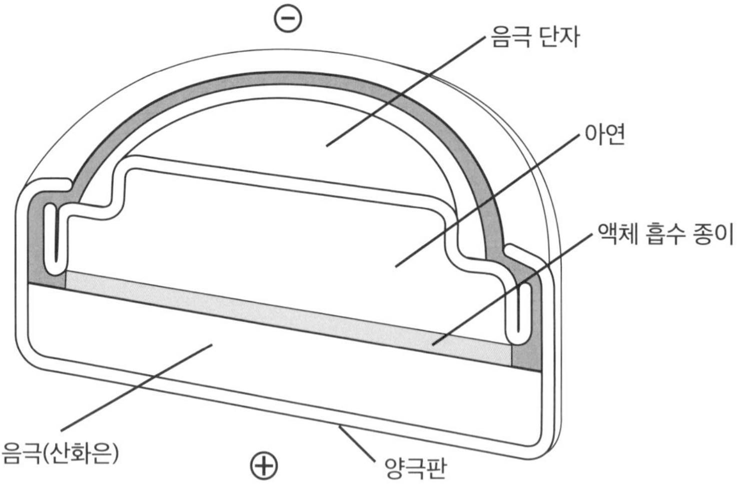

음극 $Zn \longrightarrow Zn^{2+} + 2e^{-}$

양극 $Ag^{2+} + e^{-} \longrightarrow Ag^{+}$

7장

이차 전지의 원리와 구조

전지에는 건전지처럼 충전할 수 없는 일차 전지, 그리고 납축전지,
리튬 이온 이차 전지와 같이 충전해서 반복 사용이 가능한 이차 전지가 있다.
이들의 차이점은 무엇일까?
이차 전지가 충전되는 원리와 구조에 대해 알아보자.

일차 전지와 이차 전지

7-1

화학 반응 A → B는 A라는 출발 물질이 B라는 생성 물질로 변화하는 것뿐 아니라 숯C이 연소해 이산화탄소CO_2가 될 때 열과 빛 에너지를 내는 것과 마찬가지로 물질 변화와 에너지 변화라는 두 가지 측면을 가진다.

일차 전지

화학 전지는 화학 반응에서 함께 발생하는 화학 반응 에너지를 전기 에너지로 변환방전하는 기계 장치다. 따라서 출발 물질이 모두 생성 물질이 되는 시점에서 화학 반응은 끝나게 되고 반응 에너지도 더 이상 발생하지 않게 된다. 이 시점에서 전지로서의 수명도 끝난다.

이와 같이 출발 물질 A가 모두 없어진 시점에서 전지도 수명을 다하는 타입의 전지를 일반적으로 일차 전지라고 한다. 앞에서 서술한 볼타 전지와 건전지는 일차 전지에 해당한다.

◎ 몇 번이나 충방전할 수 있는 이차 전지는 스마트폰부터 자동차, 비상용 포터블 충전기까지 우리 생활에서 빼놓을 수 없는 필수품이 되었다.

이차 전지

그런데 전지 중에는 전지가 방전했을 때, 역방향의 전류를 외부로부터 흘려보내서충전 방전할 때 만들어진 생성 물질 B를 원래의 출발 물질 A로 되돌리는 즉, 재생이 가능한 전지도 존재한다. 재생된 출발 물질 A는 원래 출발 물질과 동일한 화학 물질이기 때문에 다시 화학 반응을 일으켜서 생성 물질 B가 될 수 있으며 당연히 그때 다시 전기가 발생, 즉 방전이 가능하게 된다.

이와 같이 충전을 반복함으로써 몇 번이라도 방전이 가능한 전지를 이차 전지라고 한다. 이차 전지는 충전에 의해 전기 에너지를 전지에 저장할 수 있다는 의미로서 축전지storage battery, 또는 충전지rechargeable battery라고 부르기도 한다.

이차 전지의 종류와 특징

이차 전지는 오랜 역사를 자랑하는 납축전지자동차용 축전지, 가전제품에 많이 사용되는 니켈-카드뮴 이차 전지니카드 전지 그리고 최근의 리튬 이온 이차 전지 등 몇 가지 종류가 있다. 주요 이차 전지들의 전극 재료, 전압, 특징과 장단점 등을 202쪽의 표에 정리했다.

칼럼

납의 독성

납Pb은 청회색을 띤 금속이다. 그래서 옛날에 일본에서는 납을 '푸른 금青金'이라고 불렀다. 칼로 자를 수 있을 정도로 부드럽고, 비중은 11.35로 철7.87보다 1.4배나 무겁고, 녹는점은 327.5℃로 금속 중에서는 매우 낮은 편이다. 그래서 납과 주석Sn의 합금은 납땜 용도로 금속을 접합할 때 주로 사용되어왔다.

납의 단점은 독성이 매우 강하다는 것이다. 납에 노출되는 경우 신경에 영향을 미치는 신경독에 걸릴 가능성이 높다고 알려져 있다. 옛날에는 와인을 마실때 신맛을 없애기 위해 납으로 만든 항아리에 와인을 넣고 데워서 마셨다고 한다. 그러면 와인의 신맛의 원료인 주석산과 납이 반응해서 주석산 납이 만들어지는데, 바로 이것이 와인의 단맛을 냈다. 로마의 네로 황제는 와인의 이 단맛을 즐겼기 때문에 신경이 마비되었다고 한다. 일본에서는 하얀색의 탄산납 파우더를 화장할 때 사용했는데, 가부키 배우 중에는 이 탄산납 가루를 사용한 뒤 신경계에 문제가 생긴 사람도 나타났다고 전해진다. 일본의 유흥가에서 일하는 여자들은 가슴에도 화장용으로 이 하얀 파우더를 발랐기 때문에 이 여자들의 젖을 먹은 아기가 납 중독되는 일이 있었다고 한다. 유럽에서는 와인에 하얀 탄산납 파우더를 섞어서 마시는 습관이 있었으며 와인을 좋아했던 베토벤은 이것 때문에 귀가 나빠졌다고 하는 이야기도 있다.

하지만 납의 독성이 세상에 알려진 지금도 총기의 납탄, 항공 연료인 테트라에틸납, 크리스탈 글래스 제작에 사용되는 산화납 등은 여전히 사용되고 있다.

납을 사용한 로마 제국 시대의 수도관. 로마인들은 일상 생활에서도 다량의 납을 섭취했던 것으로 알려져 있다. (출처: Wikipedia)

이차 전지의 종류와 특징

명칭	양극	음극	전압	특징과 주요 용도
납축전지	이산화납	납	2.0V	• 셀당 전압이 높으며 재료 가격이 저렴함. • 단시간에 대전류 방전이 가능하며 장시간/단시간 방전 시 안정적으로 사용이 가능함. • 주 용도는 자동차용 축전지팩, 전원 공급용 축전지.
니켈-카드뮴 축전지	수산화니켈	수산화 카드뮴	1.2V	• 대전류의 충/방전이 가능하지만 전력은 작음. • 주 용도는 전동 공구, 비상용 전원.
니켈-수소 전지	수산화니켈	수소 저장 합금	1.2V	• 니켈-카드뮴 전지 대비 전기 저장량은 2배. • 카드뮴의 환경 오염 이슈로 인한 니켈-카드뮴 전지의 대체용으로 널리 사용 중. • 주 용도는 모바일 기기와 하이브리드 자동차.
금속 리튬 전지	전이 금속 산화물	금속 리튬	3.0V	• 카드뮴을 사용하지 않은 이차 전지로 기대되었지만 충방전이 원활하지 않음. • 금속이 석출되는 문제로 전기 단락의 원인이 되어서 안전상의 문제로 보급이 안 됨.
리튬 이온 이차 전지	리튬 전이 금속 산화물	흑연	3.7V	• 리튬의 합금화와 음극으로 흑연을 사용하여 금속 리튬 전지의 문제점을 해결함. • 전압이 높고, 경량화가 가능함. • 주 용도는 모바일 기기와 하이브리드 자동차.
리튬 이온 폴리머 이차 전지	리튬 전이 금속 산화물	흑연	3.7V	• 전해질에 폴리머를 사용하여 액체 누수 발생이 없고 알루미늄 필름을 외장재로 사용하여 슬림화 제작이 가능. • 주 용도는 모바일 기기.

7-2 납축전지의 원리와 현황

전형적인 축전지인 납축전지는 1859년에 발명된 이래 200년 가까이 지난 현재도 다양한 분야에서 활용되고 있다.

축전지의 구조

이차 전지 중에서 가장 잘 알려진 전지는 납축전지이다. 일반적으로 축전지라고 하면 납축전지를 떠올릴 정도로 흔하게 사용된다. 납축전지는 오랜 역사를 가지고 있는데, 건전지가 발명된 시기와 비슷한 1859년에 프랑스의 화학자 가스통 플란테Gaston Planté에 의해 처음 만들어졌다.

그 당시, 일차 전지 중의 하나인 다니엘 전지가 발명된 시점1836년과 거의 비슷한 시기에 충전이 가능한 이차 전지가 발명되었으니 놀라울 정도다. 전지를 이용한 전기 에너지가 그 무렵에도 중요하게 여겨졌음을 알 수 있다.

납축전지를 발명한 프랑스의 가스통 플란테. 납축전지는 가솔린 자동차에 있어 빼놓을 수 없는 이차 전지가 되었다. (출처: Wikipedia)

납축전지의 구조

납축전지의 실제 구조는 다음 페이지의 그림과 같으며, 기본적인 모식도는 볼타 전지와 거의 같다. 전해질로 사용하는 황산 H_2SO_4 안에 음극으로 사용하는 금속 납 Pb과 양극으로 사용하는 산화납 PbO_2이 세트로 구성되어 있다.

농축된 황산 concentrated sulfuric aicd은 비중이 1.84로 물의 두 배 가까이 무거우며, 납은 비중이 11.3으로 철 7.9에 비해 1.5배 정도 무겁기 때문에 납축전지는 다른 일반 전지에 대비해 매우 무거운 전지라고 말할 수 있다.

방전·충전 메커니즘

이차 전지는 먼저 방전에 의해 전기 에너지를 방출하고 방전이 끝나면 충전하면서 전기 에너지를 보충하여 원래 상태로 돌아간다. 즉, 방전

납축전지 구조

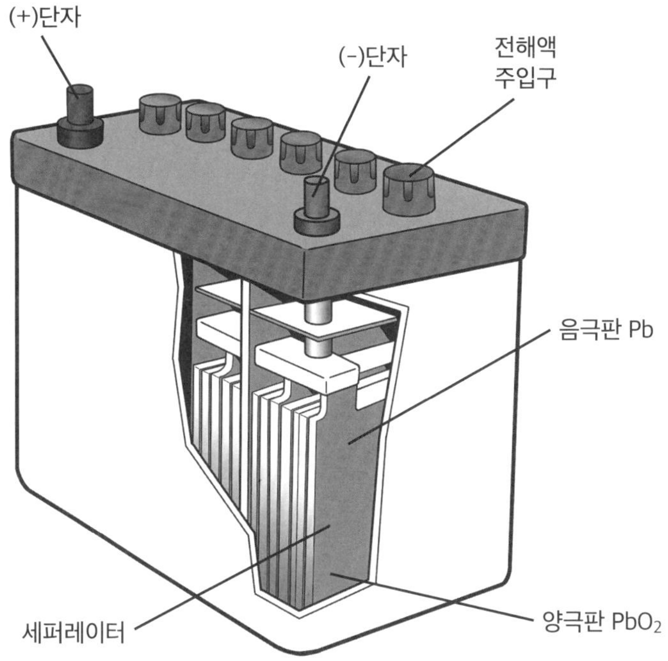

과 충전을 여러 번 반복하는 전지를 이차 전지라고 말한다.

방전 메커니즘

방전 메커니즘은 단순하다. 앞에서 서술한 볼타 전지에 들어가는 아연이 음극인 경우와 완전히 똑같다. 즉, 음극의 금속 납Pb이 납이온Pb^{2+}와 전자e^-로 해리가 된다. 그 전자가 외부 회로도선를 통해 양극인 산화납PbO_2으로 가고 전자를 받은 산화납이 화학 변화를 일으킨다. 즉, 망간 건전지의 이산화망간MnO_2의 경우와 같이 PbO_2의 Pb도 +4가 양이온Pb^{4+}이 된다. 이 양이온이 전자를 받아서 +2가 양이온Pb^{2+}이 된다.

음극 $Pb \longrightarrow Pb_2 + 2e^-$

양극 $Pb^{4+} + 2e^- \longrightarrow Pb^{2+}$

일반적인 일차 전지라면 이것으로 반응은 끝이 난다. 지금까지는 일차 전지에서 일어난 화학 반응과 완전히 똑같기 때문이다. 그러나 이차 전지는 여기서부터가 중요하다. 즉, 각 전극에서 실제로 생성된 물질들이 중요하다. 생성물까지 포함한 반응식은 다음과 같다.

음극 $Pb + SO_4^{2-} \longrightarrow \boxed{PbSO_4} + 2e^-$

양극 $PbO_2 + 2e^- + SO_4^{2-} + 4H^+ \longrightarrow \boxed{PbSO_4} + 2H_2O$

즉, 음극도 양극도 생성물이 완전히 똑같은 **황산납**^{PbSO_4}이다. 이 현상이 이차 전지에서 결정적인 포인트이다.

충전 메커니즘

충전은 전지에 다른 전원별도의 전지을 연결해 방전의 경우와는 완전히 반대로 전류를 흘려보내는 것을 말한다.

- 음극은 전자를 내놓고 양극은 전자를 받는다.

이것을 반대로 말하면

- 음극은 전자를 받고 양극은 전자를 내놓는 것이다.

그 결과 일어나는 반응을 정리하면 다음과 같다.

음극 $PbSO_4 + 2e^- \longrightarrow Pb + SO_4^{2-}$

양극 $PbSO_4 + 2H_2O \longrightarrow PbO_2 + 2e^- + SO_4^{2-} + 4H^+$

방전 메커니즘과 반응식

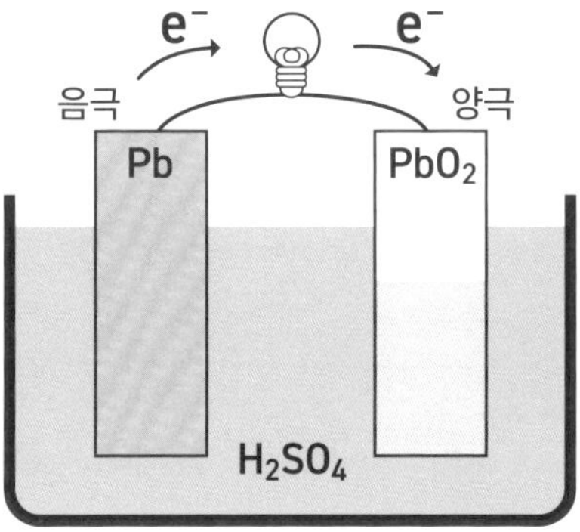

음극 $Pb + SO_4^{2-} \longrightarrow PbSO_4 + 2e^-$

양극 $PbO_2 + 2e^- + SO_4^{2-} + 4H^+$

$\longrightarrow PbSO_4 + 2H_2O$

충전 메커니즘과 반응식

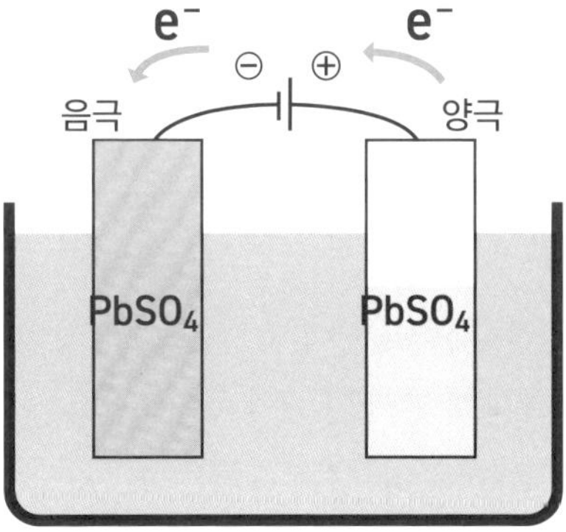

음극 $PbSO_4^{2-} + 2e^- \longrightarrow Pb + SO_4^{2-}$

양극 $PbSO_4^{2-} + 2H_2O \longrightarrow PbO_2 + 2e^- + SO_4^{2-} + 4H^+$

이차 전지의 메커니즘

앞에서 나온 식들과 비교해보면 알 수 있듯이 방전과 충전의 반응 메커니즘은 순서가 반대인 점을 제외하면 완전히 똑같다. 즉, 이차 전지의 반응 메커니즘은 양변을 연결하는 화살표 방향을 반대로 바꿔서 생각하면 된다는 것을 알 수 있다.

음극 $Pb + SO_4^{2-} \rightleftharpoons PbSO_4 + 2e^-$

양극 $PbO_2 + 2e^- + SO_4^{2-} + 4H^+ \rightleftharpoons PbSO_4 + 2H_2O$

이렇게 반응식의 왼쪽으로도, 그리고 오른쪽으로도 모두 진행할 수 있는 반응을 일반적으로 가역 반응reversible reaction이라고 한다. 산화 환원 반응은 전형적인 가역 반응 중 하나다.

$A \rightleftharpoons A^+ + e^-$

$B + e^- \rightleftharpoons B^-$

즉, A가 전자를 내놓으면 A^+가 되고 A^+가 전자를 받으면 원래의 A로 돌아간다. 마찬가지로 B가 전자를 받으면 B^-가 되고 B^-가 전자를 내놓으면 원래의 B로 돌아간다.

납축전지의 이용

납축전지는 거의 모든 자동차의 축전지로 사용되고 있다. 그 외에도 지게차, 골프 카트 또는 소형 비행기에도 사용된다. 또한 갑작스러운 정전을 대비해 비상용 전원으로 엘리베이터에 설치되어 있다. 납축전지는 사회의 많은 분야에서 꼭 필요한 역할을 잘 해내고 있으며, 납축전지에 대한 신뢰성은 의심의 여지가 없다고 해도 좋을 것이다.

문제점

이처럼 오랫동안 사용돼왔지만 최근 납축전지 사용에 대한 문제점이 눈에 띄게 나타나고 있다. 우선 첫 번째로 납축전지는 무겁다. 최근의 자동차들은 에너지 절약 이슈 때문에 가벼운 자동차를 선호한다. 자동차 바퀴의 휠을 마그네슘 합금으로 바꾸는 등 자동차의 경량화에 힘쓰고 있는 와중에 축전지만 계속 무겁다면 납득이 잘 안 갈 것이다.

또 다른 문제는 납의 독성이다. 납은 신경독을 일으키는 것으로 알려져 있으며 로마 황제 네로가 미치광이가 된 것도, 베토벤이 귀가 먼 원인도 와인에 들어간 납화합물 때문이라는 이야기가 있을 정도다. 예전의 납땜은 납과 주석을 섞은 합금이었다. 그러나 최근 EU European Union, 유럽연합는 납이 들어간 납땜을 사용해 제조한 가전제품을 수출금지 품목으로 정했다.

축전지에 들어간 납을 맨손으로 만지는 사람은 없겠지만 폐기 처리 과정에서 납이 환경에 유출될 가능성은 부정할 수 없을 것이다. 또한 납축전지에 사용되는 황산도 위험 물질로 분류된다. 보통의 경우에는 일반적으로 가정에서 황산을 취급할 일은 거의 없을 것이다.

니켈-카드뮴 축전지

7-3

니켈-카드뮴 축전지는 일반적으로 니카드 전지라는 이름으로 잘 알려져 있다. 니카드 전지가 개발된 것은 1899년이기 때문에 상당히 오래된 역사를 가지고 있지만 실제로 널리 사용된 것은 1960년대부터이다.

니카드 전지 구조와 기전 메커니즘

212쪽 그림은 니카드 전지 구조의 모식도이다. 음극 역할을 하는 금속 카드뮴Cd과 양극 역할을 하는 옥시수산화니켈NiOOH이 전해질인 수산화칼륨KOH 수용액 안에 들어 있다.

이때 기전 메커니즘은 다음과 같다.

방전 시

음극 $Cd \longrightarrow Cd^{2+} + 2e^-$

양극 $2Ni^{3+} + 2e^- \longrightarrow 2Ni^{2+}$

옥시수산화니켈 속에 포함된 니켈Ni은 +3가 양이온Ni^{3+} 상태로 존재한다. 방전 시에는 음극인 카드뮴이 양이온Cd^{2+}이 되면서 2개의 전자를 내놓는다. 양극에서는 이 전자를 Ni^{3+}가 1개만 받고 환원되어 Ni^{2+}가 된다. 또 1개의 전자는 다른 Ni^{3+}가 받는다.

이것을 실제 물질의 변화로 나타내면 다음과 같다. 1개의 카드뮴 원자에 대해 2개의 니켈 원자가 반응하게 된다.

음극 $Cd + 2OH^- \longrightarrow Cd(OH)_2 + 2e^-$

양극 $NiOOH + H_2O + e^- \rightarrow Ni(OH)_2 + OH^-$

충전할 때는 정반대의 반응이 일어난다. 즉, 위에 서술한 반응의 화살표 순서를 다음과 같이 반대로 하면 된다.

음극 $Cd + 2OH^- \longleftarrow Cd(OH)_2 + 2e^-$

양극 $2NiOOH + H_2O + e^- \leftarrow 2Ni(OH)_2 + 2OH^-$

니카드 전지의 특징

니카드 전지는 고출력이기 때문에 헤어드라이어나 면도기 등 모터를 사용하는 전자기기에 적합하다. 반면에 자연 방전이 잘 되고, 충전한 상태로 방치해두면 충전된 전기 에너지가 저절로 소모된다. 따라서 시계처럼 적은 소비전력으로 장시간 사용해야 하는 전자기기에는 적합하지 않다.

그리고 사용하기 시작해 방전되기 전까지는 전압, 전류가 함께 안정적으로 방전이 되지만 방전 직전부터는 급격하게 전압이 떨어지는 것이 특징이다.

니카드 전지 기전 메커니즘과 구조

니카드 전지 기전 메커니즘

$$\text{음극}\quad Cd \longrightarrow Cd^{2+} + 2e^-$$

$$\text{양극}\quad Ni^{3+} + e^- \longrightarrow Ni^{2+}$$

니카드 전지 구조

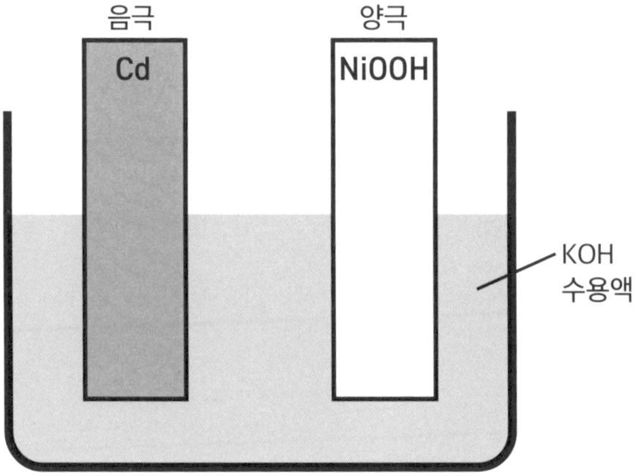

$$\text{음극}\quad Cd + 2OH^- \underset{\text{충전}}{\overset{\text{방전}}{\rightleftharpoons}} Cd(OH)_2 + 2e^-$$

$$\text{양극}\quad NiOOH + H_2O + e^- \underset{\text{충전}}{\overset{\text{방전}}{\rightleftharpoons}} Ni(OH)_2 + OH^-$$

니카드 전지의 문제점

니카드 전지의 가장 큰 문제점은 음극 재료인 카드뮴이다. 카드뮴은 일본 도야마현의 진즈강 유역에서 발생해 문제가 된 '이타이이타이 병'의 원인이 된 물질이다. 이타이이타이 병은 일본의 4대 환경 오염 질환, 즉 공해병pollution-related disease 중 하나로 알려져 있다. 카드뮴에 중독된 환자의 뼈가 점점 약해져서, 기침만 해도 뼈가 부러지는 바람에 병에 걸린 사람이 "아프다, 아프다일본어로 '이타이이타이'" 소리를 한 것에서 유래했다.

원인은 진즈강 상류에 있는 아연 광산에서 아연을 제련했는데, 그 과정에서 배출된 부산물인 폐광석을 통해 카드뮴이 진즈강에 흘러 들어간 것이었다. 이를 식수, 농업용수로 사용한 주민들에게 병이 발병한 것이다. 니카드 전지를 폐기할 때는 환경에 누출되어서 환경 오염이 발생하지 않도록 세심한 주의를 기울여야 한다.

니카드 전지는 이외에도 용량이 작다는 점, 방전이 완료되기 전에 충전하면 방전 용량이 작아진다는 점 등 관리가 번거로운 면이 있다. 그러나 니카드 전지는 오랫동안 사용되어온 만큼 그동안 쌓인 노하우가 풍부하다. 과방전에 강하고, 내구성이 좋으며, 순간 기전력이 좋고, 생산 비용이 저렴하다는 다른 장점이 많기 때문에 전동 공구용 축전지로 계속 사용되고 있다.

소형 이차 전지 리사이클 마크

리튬 이온 이차 전지, 니카드 전지, 니켈 수소 전지 등 소형 이차 전지는 '자원 유효 이용 촉진법'에 의해 회수 및 재자원화가 의무화되어 있으며 재활용 협력업체에는 이러한 리사이클마크가 붙여진 소형 충전식 전지 리사이클 박스가 마련되어 있다.

소형 이차 전지 회수량

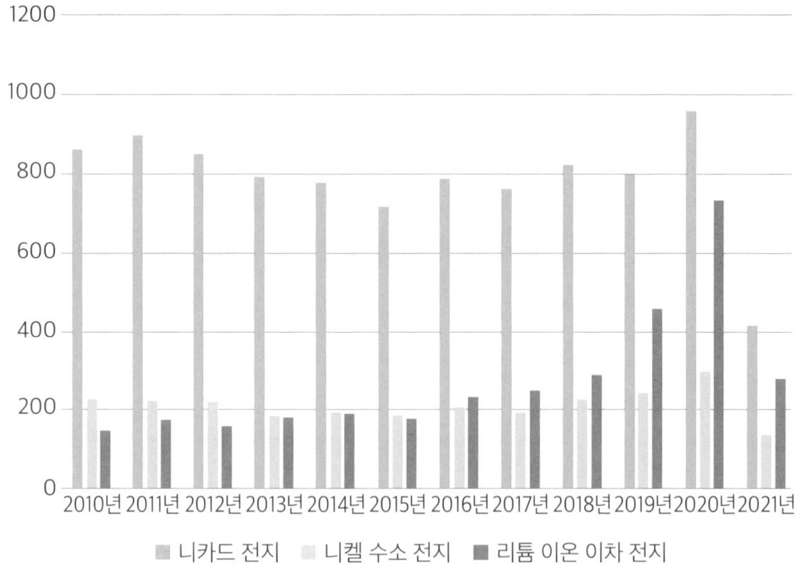

※ 사단법인 JBRC가 정리한 소형 이차 전지 리사이클 결과

니켈 수소 전지

7-4

니켈 수소 전지는 1970년대 개발된 새로운 유형의 전지로서 니켈과 수소 기체를 전극재로 사용한 전지다. 인공위성에 사용하는 전지로 개발이 진행되었으며 고출력, 고용량, 장수명이라는 장점이 있다.

처음에는 수소 기체를 탱크에 압축된 형태로 저장했으나 수소 저장 합금hydrogen storage alloy에 수소를 흡착시키는 방법이 개발되어 현재는 이 방법을 사용하고 있다. 수소 저장 합금은 금속 결정의 격자 사이에 수소 원자를 잘 흡착시키는 금속이다. 수소 연료 전지에서 수소를 저장하는 데도 사용되는데 저장 용량에 비해 무거운 것이 단점이다.

니켈 수소 전지의 구조와 기전 메커니즘

니켈 수소 전지의 구조는 기본적으로 니카드 전지와 똑같나. 니카드 전지의 카드뮴 전극을 수소 저장 합금 전극으로 바꿨을 뿐이다.

기전 메커니즘도 거의 비슷하다. 여기에서 MH는 수소 저장 합금

◉ 니켈 수소 전지와 충전기 사진. 사진 속 에네루프 전지는 일본의 산요전기가 개발했는데 나중에 산요전기는 파나소닉에 인수되었다. 여러 번 반복해서 쓸 수 있으며 잔여 용량은 10년이 흘러도 약 70% 정도를 유지할 수 있다.

(출처: Wikipedia)

M에 흡착된 상태의 수소H를 나타낸다.

방전: →, 충전: ←

음극 $MH \rightleftharpoons MH^{+} + e^{-}$

양극 $Ni^{3+} + e^{-} \rightleftharpoons Ni^{2+}$

충전할 때는 정반대의 반응이 일어나 방전 전의 상태로 돌아간다. 즉, 수소가 이온화되어 수소 양이온H^{+}과 전자가 된다. 니켈의 변화는 니카드 전지와 동일하다.

니켈 수소 전지 구조

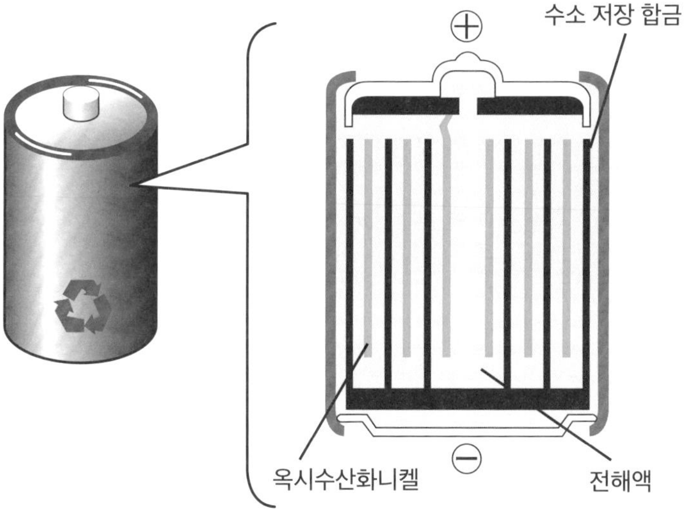

음극 $MH + OH^{-} \rightleftharpoons M^{+} + H_2O + e^{-}$

양극 $NiOOH + H_2O + e^{-} \rightleftharpoons Ni(OH)_2 + OH^{-}$

니켈 수소 전지 반응식

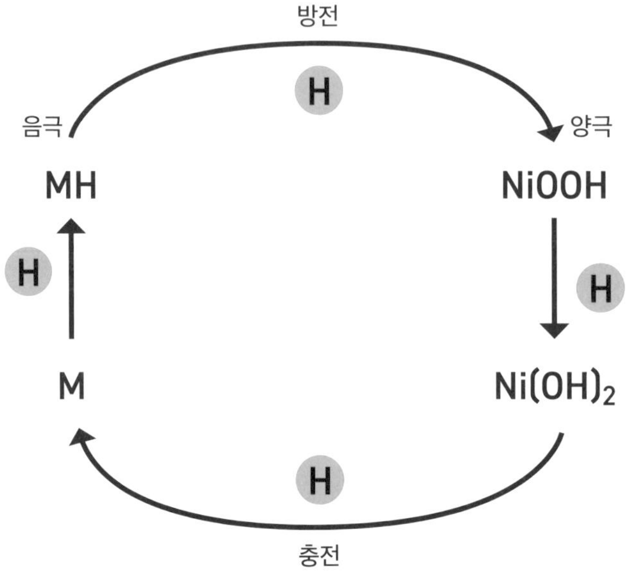

물질 변화까지 포함한 식은 다음과 같다.

음극 $MH + OH^- \rightleftharpoons M + H_2O + e^-$ ①

양극 $NiOOH + H_2O + e^- \rightleftharpoons Ni(OH)_2 + OH^-$ ②

음극의 반응식의 오른쪽 변에 $M+H_2O$가 있는 것은 수소 저장 합금에 흡착되어 있던 수소가 OH원자단과 반응하여 금속[M]과 H_2O로 분리되었음을 나타낸다.

즉, 방전될 때 수소[H]는 수소 저장 합금에서 내놓은 수소 형태로 반응하고, 충전할 때는 수소는 다시 저장 합금으로 흡착된다.

여기에서 식 ①과 ②를 합하면 다음과 같이 표현할 수 있다.

$$MH + NiOOH \rightleftharpoons M + Ni(OH)_2$$

이 식을 보면 수소[H]는 음극인 MH와 양극인 NiOOH 사이를 이동하고 있음을 알 수 있다. 즉, 수소 기체는 소진되지 않는다. 이 점이 수소 연료 전지와의 결정적인 차이점이다.

금속 리튬 이차 전지

7-5

금속 리튬 이차 전지는 고성능이 기대되는 전지로서 활발한 연구 개발이 진행되었지만 사고 위험성을 없애지 못해 결국 실용화되지 못했다.

금속 리튬 이차 전지의 원리

리튬 이온 이차 전지는 대용량, 고출력이 가능한 이차 전지로서 현재 최고의 이차 전지이지만 고용량에 대한 필요가 더욱 높아지고 있다. 그 때문에 보다 많은 리튬 이온을 저장할 수 있는 전극 재료의 개발이 진행되고 있다. 현재 가장 많은 리튬 이온을 저장할 수 있는 전지가 바로 금속 리튬을 전극 재료로 사용한 금속 리튬 이차 전지다.

금속 리튬-공기 전지는 금속 리튬을 음극으로 사용한 전지로서 금속 리튬이 전자를 내놓아 산화되고, 양극에서 공기 중에 있는 산소O_2가 환원됨에 따라 전류를 발생시킨다. 금속 리튬 그 자체를 전극으로 사용하기 때문에 전극에서의 리튬 농도가 매우 커져서 리튬 이온 전지와 같은 부피일 때 더 많은 전기 용량 확보가 가능하다.

금속 리튬 이차 전지의 문제점

그러나 금속 리튬을 전극으로 사용하면 다음과 같은 문제가 생긴다. 전극이 금속 리튬이면 방전될 때 리튬이 녹아 나오고, 반대로 충전할 때는 녹아 있던 리튬 이온이 그대로 금속 상태로 석출된다. 그 결과, 리튬 금속의 결정체가 전지 내부에서 생성되고 그 리튬 금속 결정체는 날카로운 가시와 같은 덴드라이트 결정dendritic crystal이 된다.

덴드라이트 결정의 날카로운 가시는 전지의 세퍼레이터를 뚫어버리며 이것은 쇼트단락를 의미한다. 즉, 발화, 스파크의 위험성이 있다. 이렇게 되면 전지는 타버리고 화재가 발생하게 된다. 스마트폰이나 모바일 기기를 가지고 있다가 이런 쇼트가 발생한다면 화상을 입을 것이고, 비행기라면 추락 사고로 이어질 것이다. 이것은 금속 리튬 전지와 같은 고에너지 밀도의 전지에서는 치명적이다. 이 문제를 해결하지 못한다면 금속 리튬 이차 전지는 실용화되기 어려울 것이다.

해결책

이 문제를 해결하기 위해 두 가지 방법을 생각해볼 수 있다. 첫 번째는 음극과 양극을 분리하는 세퍼레이터로서 매우 단단한 물질, 예를 들어 고체 전해질 또는 케블러Kevlar와 같은 강철보다 단단한 고분자를 사용하는 것이다.

두 번째는 처음부터 덴드라이트 가시가 생기지 않도록 리튬보다 이온화되기 쉬운 금속, 예를 들어 세슘Cs을 섞는 것이다. 그러면 덴드라이트 가시 부분에 리튬 양이온 Li^{+} 과 세슘 양이온 Cs^{2+} 이 모여들고, Cs^{2+} 는 금속이 되기 어렵기 때문에 양이온 Cs^{2+} 상태 그대로 머물다가 정전기적 반발력으로 Li^{+} 양이온이 다가오는 것을 막을 수 있다. 즉, 환원되며 생긴 리튬 원자의 밀도가 적어져서 더 이상 결정이 성장하지 않게 된다.

고체 전해질이 실용화되려는 현재, 이상적인 고성능 이차 전지인 금속 리튬 이차 전지가 실용화되는 일도 머지 않았다. 그렇게 되면 고체 리튬 이온 이차 전지는 과거의 유물로 사라지게 될지도 모른다.

유기물 이차 전지

7-6

유기물을 이용한 고성능 이차 전지도 개발이 진행되고 있다. 지금까지 유기물은 절연체, 비자성체라고 생각했지만 최근에는 그러한 인식이 많이 달라지고 있다. 2000년에는 전도성 유기 고분자conducting organic polymer가 발견되었다. 유기 고분자폴리아세틸렌에 적당한 불순물을 도핑doping, 소량 첨가하면 금속과 같은 전도도를 가진다는 것을 발견한 것이다. 이 업적으로 앨런 히거, 앨런 맥더미드, 시라카와 히데키는 노벨화학상을 공동 수상했다.

뿐만 아니라 유기물이지만 초전도성superconductivity을 가지는 유기 초전도체, 유기물이면서 자석에 달라붙는 유기자성체도 개발 중이다. 최근에 연구 개발되고 있는 유기물은 금속과 같은 전도성을 가질 수 있으며, 따라서 그동안 금속이 점유해왔던 소재 산업의 영역들을 잠식해가고 있다. 이러한 유기물을 전지의 재료로 사용하지 않을 이유가 없기에 전지를 연구하는 기관이나 업체에서는 적극적으로 전지 소재로 사용 가능한 유기물의 연구 개발을 진행하고 있다.

리튬 이온 이차 전지의 개량

현재의 리튬 이온 이차 전지에는 리튬은 물론 양극 재료인 코발트와 희소 금속rare metal이 많이 사용되고 있다. 자원의 매장량을 생각하면 희소 금속 사용을 줄이고, 대체 소재를 활용하는 방안이 요구된다.

대체 소재 후보로 거론되고 있는 것이 바로 유기 재료이다. 유기 재료는 일반적으로 탄소, 수소, 질소 등의 원소로 구성되어 있으며 자원의 매장량이 풍부하다. 유기 재료 특유의 한 번에 여러 개의 전자가 이

리튬 이온 이차 전지 개량 방법

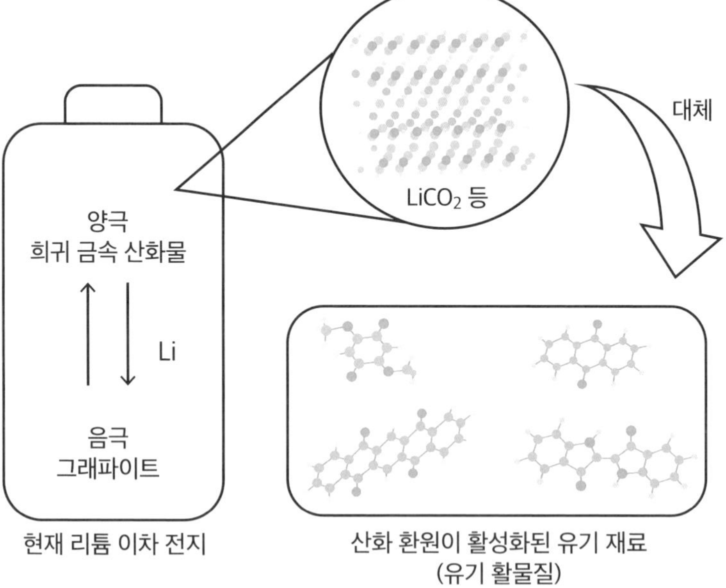

※ 산종연 전지기술 연구부문 연구토픽스에서 인용

동하는 다전자 이동형 산화 환원 반응을 전지에 적용할 수 있게 된다면, 현재의 무기물계 재료를 뛰어넘는 에너지 밀도를 가지는 재료를 만들 수 있을 것이다. 그렇다면 전지의 경량화와 장시간 구동이 가능한 전지의 개발로 이어질 것이라 기대된다.

지금까지의 연구에서 알려진 결과에 의하면 나프탈렌 유도체 중의 하나인 나프토퀴논naphthoquinone은 무기물계 재료인 코발트산리튬$LiCoO_2$의 2.5배 용량을 가지며 높은 에너지 밀도를 갖는다는 것이다.

유기 라디칼 전지

유기물 자체를 전극으로 사용한 이차 전지, 즉 유기 이차 전지도 개발되고 있다.

유기물의 전자 주고받기

이차 전지 재료로써 사용이 가능하려면 기본적으로 전자를 주고받을 수 있어야 한다. 예를 들어 리튬 이온 이차 전지에서는 리튬 원자Li가 전자를 내놓아서 리튬 이온 Li^+가 되고 Li^+가 다시 전자를 받아들여 Li로 환원된다. 즉, 전자 주고받기 반응electron transfer reaction으로 방전과 충전 반응이 일어난다.

$Li \rightleftarrows Li^+ + e^-$ (→: 방전, ←: 충전)

이러한 전자 주고받기 반응은 유기물에서도 일어난다. 전기적으로 중성 유기물 산소 원자O가 전자를 내놓으면 산소 양이온O^+이 되며 O^+가 전자를 받으면 원래의 중성 산소 원자로 돌아간다.

$O \rightleftarrows O^{+} + e^{-}$ (→: **방전**, ←: **충전**)

혹은 O가 전자를 받아들이면 음이온 O^{-}가 되며 O^{-}가 전자를 내놓으면 O가 된다. 어느 쪽이든 마찬가지이다.

$O^{-} \rightleftarrows O + e^{-}$ (→: **방전**, ←: **충전**)

유기 라디칼 Organic radical

앞에서 이야기한 내용은 원리적으로는 가능하지만, 일반적으로 중성 상태의 유기물에서는 좀처럼 전자 주고받기 반응이 일어나지 않는다. 즉, 저항이 너무 크기 때문에 전지를 만들 수 없다. 그래서 주목받은 유기물이 전기적으로 중성 상태이면서 홀전자를 가진 라디칼 분자이다.

가상의 R원자로 만들어진 R_2, 즉 R−R이라는 분자를 생각해보자. 2개의 R을 결합시키는 '−'는 결합을 나타내는 기호지만 사실은 2개의 결합 전자쌍bonding electron pair을 나타낸다. 여기서 결합 전자쌍을 구성하는 2개의 전자를 각각의 R원자가 하나씩 가지도록 분리하면 2개의 R·이 된다.

R − R ⟶ 2R·

여기에서 'R·'에 붙은 점 '·'은 1개의 전자를 나타낸다. 이 전자를 홀전자unpaired electron 혹은 라디칼 전자radical electron라고 하며 라디칼 전자를 가지는 분자의 종류를 일반적으로 라디칼radical이라고 부른다. 라디칼은 보통 화학적으로 불안정하기 때문에 홀전자를 내놓아서 양이온 R^{+}이 되거나, 반대로 또다른 라디칼 전자를 받아서 음이온 R^{-}이 된다.

$R\cdot \rightleftarrows R^{+} + e^{-}$ (→ : 방전, ← : 충전)

$R^{-} \rightleftarrows R^{-}\cdot + e^{-}$ (→ : 방전, ← : 충전)

이러한 반응이라면 저항이 거의 0에 가깝기 때문에 전지 반응으로는 안성맞춤이라고 할 수 있다. 그러나 문제는 라디칼 R·이 일반적으로 매우 불안정하기 때문에 화학적으로 안정화가 거의 불가능하다는 점이다. 그런데 최근 매우 안정적인 라디칼을 만드는 데 성공했는데, 그것이 바로 니트로실nitrosyl 라디칼이다.

유기 라디칼

니트로실 라디칼

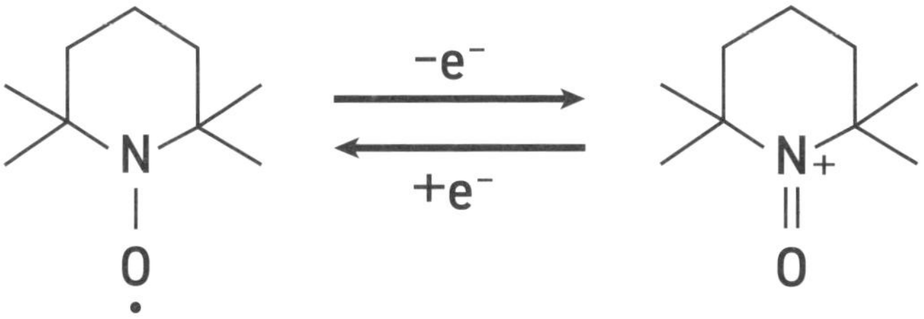

라디칼을 고분자화

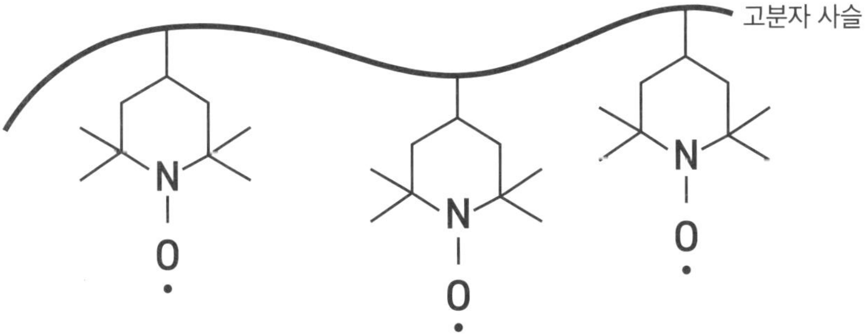

라디칼의 고분자화

그러나 니트로실 라디칼 자체로는 전해액과 같은 용매에 쉽게 용해되기 때문에 전극으로서는 제 기능을 할 수 없다. 그 때문에 용해되지 않도록 라디칼 분자를 많이 연결해서 고분자화, 즉 플라스틱으로 만드는 데 성공했다. 현재, 이러한 재료를 사용하여 실제 유기 이차 전지 성능 실험을 진행 중인데 이미 리튬 이온 이차 전지에 버금가는 성능이 확인되었다고 한다. 아시다시피 리튬은 희귀 금속rare metal 중 하나이며 세계 총 생산량의 80%를 오스트레일리아, 칠레, 아르헨티나의 3개국에서 차지하고 있다. 일본에서는 거의 산출되지 않기 때문에, 리튬을 사용하지 않으면서 리튬 이온 전지와 동등한 성능을 낼 수 있는 전지가 개발된다면 전지의 활용에 더할 나위 없는 희소식이다. 이러한 유기 라디칼 전지의 연구 개발이 앞으로 순조롭게 진행되기를 바란다.

유기 라디칼 전지의 특징

유기 라디칼 전지의 특징은 고속 충전이 가능하며 얇고 유연한 형태를 가질 수 있다는 점이다. 이것은 사실 유기물이 원래 가지고 있는 성질이라 할 수 있다. 유기 라디칼 재료는 전기 화학 반응전자 주고받기 반응이 매우 빠르고, 전해질 이온이 쉽게 이동 가능하다. 이 때문에 충전 반응 과정에서의 저항도 작아서 30초 이내에 충전을 완료하는 것도 가능하다고 한다. 유기 라디칼 전지에는 앞에서 이야기한 라디칼 고분자플라스틱인 유기 라디칼 재료를 사용한다. 따라서 전극을 쉽게 박막화하는 것이 가능하며 전극의 두께를 0.3mm까지 얇게 만들 수 있다. 유기 라디칼 재료는 전해액이 스며들어 있는 겔gel 혹은 콜로이드colloid 상태

유기 라디칼 전지 구조와 특징

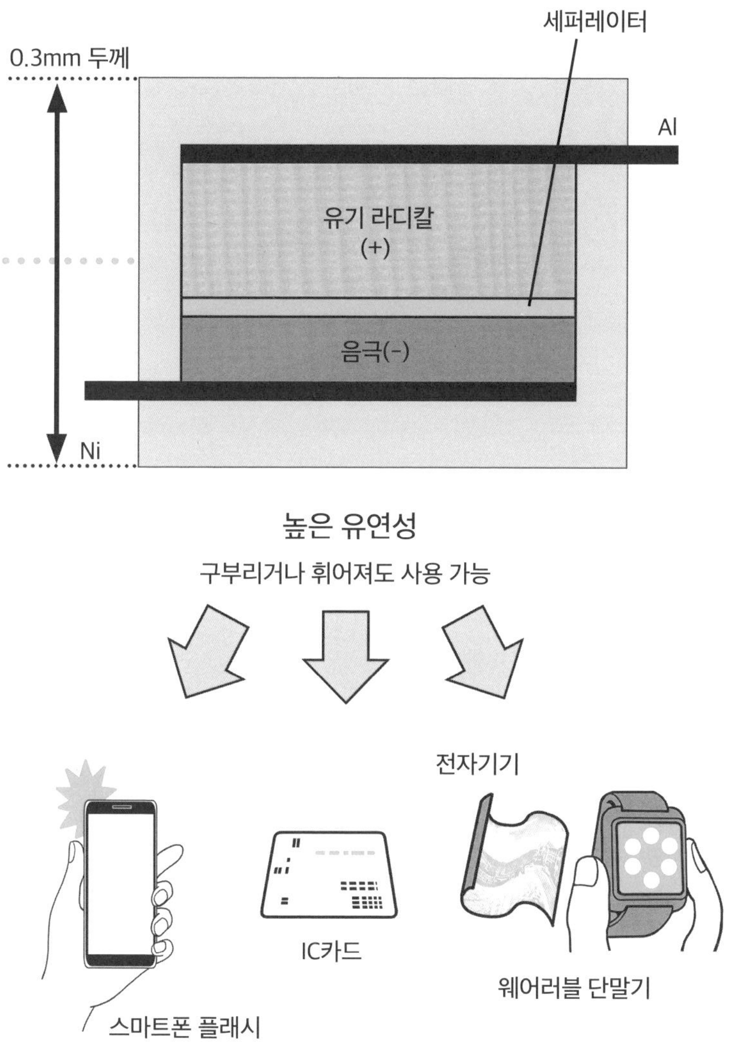

라서 접거나 구부린 형태 즉 유연한 형태의 전지 제작도 가능하다.

이러한 유연성을 살려 IC 카드나 전자종이, 액티브형 RFID 등의 전원용 전지로 응용이 기대되고 있다. 또한 옷에도 부착이 가능하기 때문에 플렉서블 디스플레이나 CPU, 메모리 등을 부착한 의류에 유기 라디칼 전지를 탑재해 '웨어러블 컴퓨터wearable computer' 즉 옷으로 입을 수 있는착용형 컴퓨터를 실현하는 일도 가능하다.

이차 전지의 성능 비교

7-7

지금까지 이야기한 다양한 이차 전지들의 성능을 비교해보자. 232쪽의 표는 현재 알려진 대표적인 이차 전지 네 종류의 성능을 비교한 것이다. 모든 면에서 리튬 이온 전지가 뛰어난 성능을 가지고 있음을 알 수 있다.

충방전 사이클 횟수

전지를 실용적으로 사용하는 범위에서 방전, 충전을 반복할 수 있는 횟수다. 납축전지는 오랜 역사를 자랑하지만, 리튬 이온 전지는 그보다 두 배 이상의 성능을 나타내는 것을 알 수 있다.

자기 방전율

사용하지 않아도 방전되는 전력을 나타낸다. 이것은 납축전지가 가장 효율이 좋다. 표에는 포함되지 않았지만 앞에서 이야기한 요오드 리튬 전지도 역시 효율이 좋다. 반대로 말하자면 리튬 이온 전지의 자기 방전율의 개선 가능성을 기대할 수 있다.

에너지 밀도

전지의 무게당중량 에너지 밀도와 부피당 에너지 밀도를 나타낸다. 중량 에너지 밀도가 작다는 것은 전지가 가볍다는 것이고 부피 에너지 밀도가 작다는 것은 전지 크기가 작다는 것을 의미한다.

다음 페이지의 그림은 리튬 이온 전지가 모든 면에서 압도적으로 우수함을 보여준다. 요약하자면 리튬 이온 전지는 무게가 가볍고 크기가 작다는 장점을 가진다. 납축전지는 리튬 이온 전지에 비해 무겁고 크기도 큰데, 그럼에도 불구하고 전지 업계에서 납축전지가 아직도 전기 자동차용 축전지의 대부분을 점유하고 있는 이유는 납축전지에 대한 신뢰성이 높다는 점을 보여준다고 할 수 있다.

에너지 비용

에너지 비용energy cost 은 일정 전력1Wh, 1시간 동안 생산 또는 소비되는 전력량을 얻기 위해 필요한 비용이다. 요컨대 가성비를 비교하는 것인데, 리

이차 전지 성능 비교

	충방전 사이클 횟수(n)	에너지 비용 (Wh/USD)	자기 방전율 (%)
납축전지	500~800	5~8	3~4
니켈-카드뮴 전지	1500	-	20
니켈-수소 전지	1000	1.37	20
리튬 이온 이차 전지	1200~2000	0.7~5.0	5~10

이차 전지 에너지 밀도 비교

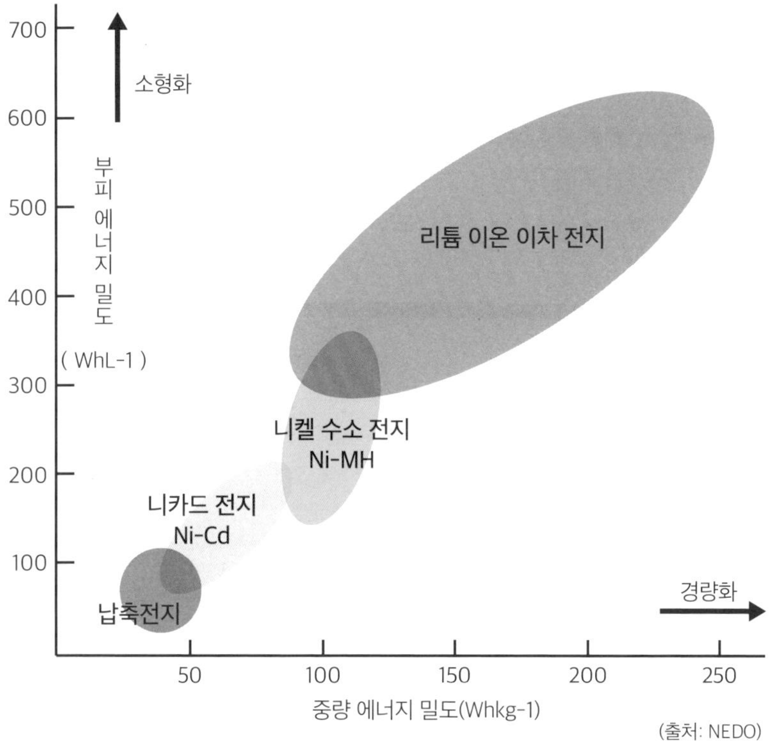

(출처: NEDO)

튬 이온 전지는 납축전지의 1/10 이하라고 알려져 있다. 이쯤 되면 납축전지가 과연 경쟁 상대가 될 수 있을까 하는 의문이 생길 수 있지만, 희귀 금속rare metal인 리튬은 가격 변동을 고려해야 한다. 리튬 가격이 급등하면 리튬 이온 전지의 우위성은 무너질 수도 있다. 가까운 미래에 전 세계적으로 전기 자동차 보급이 많아지고, 이에 따라 전고체 전지 수요가 증가하게 된다면 리튬 가격이 폭등할지도 모른다.

리튬과 같은 필수 자원의 가격에는 이러한 리스크가 반드시 존재

리튬 이온 전지 가격 변화 추이

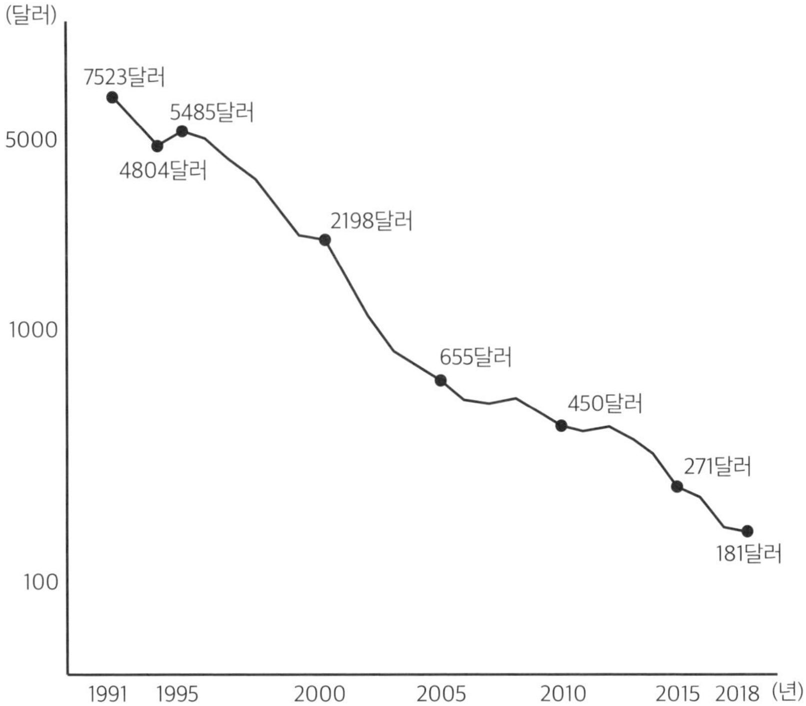

(출처: Our World in Data)

한다. 이 경우 가장 큰 피해를 입는 곳은 바로 일본이나 한국과 같이 필수 자원이 거의 생산되지 않는 국가들이다. 따라서 이러한 리스크 관리를 염두에 두면서 전지 연구 개발을 진행해야 한다.

안전성

리튬 이온 전지에 관한 또다른 이슈는 안전성이다. 발화 위험이 끊임없이 지적되고 있으며, 실제로 발화 사고가 반복해서 발생하고 있다[3장 칼럼 참조]. 이러한 안전성 문제를 해결하지 못한다면 리튬 이온 전

황화수소 기체의 위험도

농도(ppm)	증상
0.0081	예민한 사람이라면 악취를 느낌
0.3	누구나 악취를 느낌
3~5	불쾌하게 느끼는 강한 냄새
20~30	악취로 인해 후각이 마비
100~300	후각 신경이 마비되며 8~48시간 연속 노출되면 질식사 가능성이 높아짐
170~300	기도에 열이 나면서 통증을 느낌, 1시간 이상 노출되면 위독해짐
350~400	1시간 이상 노출되면 생명의 위험이 생김
600	30분 이상 노출되면 생명의 위험이 생김
700	짧은 시간에 호흡 마비에 빠짐
800~900	의식 상실과 호흡 정지를 거쳐 사망하게 됨
1000	혼수 상태와 호흡 정지를 거쳐 사망하게 됨
5000	즉시 사망함

일본 군마현에 위치한 만자 온천은 일본에서 가장 높은 농도의 유황 온천으로, 유리황화수소농도가 200이 넘기 때문에 유독 가스 방출에 대한 대책 또한 마련되어 있다.

지는 앞으로 현대 문명을 대표하는 전지로 자리 잡기 어려울 것이다.

전고체 전지 중 전기 자동차용으로 주목받고 있는 황화물형 고체 전지는 물과 만나면 유독성 황화수소H_2S 기체가 발생할 위험이 있다. 황화수소 기체는 2008년 경 1,000명이 훨씬 넘는 자살자를 내면서 사회 문제까지 된 맹독성 가스다. 따라서 황화물형 고체 전지를 탑재한 전기 자동차는 비 오는 날에는 운전할 수 없다고 하는 만화 같은 일이 일어날 수도 있다.

칼럼 이차 전지가 될 수 있는 전지와 될 수 없는 전지

금속의 산화 환원 반응[redox reaction]은 모두 가역 반응[reversible reaction]이다.

$$M \rightleftarrows M^{n+} + ne^-$$

전지에서 일어나는 화학 반응은 기본적으로 산화 환원 반응이며, 일반적으로 방전 반응과 함께 역반응인 충전 반응이 함께 일어난다. 그렇다면 모든 전지가 이차 전지라고 생각할 수도 있지만, 전지는 일차 전지와 이차 전지로 구분되며 이차 전지는 충/방전 모두 가능하지만 일차 전지는 방전만 가능하다. 이 차이는 어디에서 오는 것일까?

가장 기본적인 볼타 전지를 예를 들어서 생각해보자. 볼타 전지는 방전할 때 음극인 아연[Zn]에서 전자가 출발해 양극인 구리[Cu]에 도착한다. 충전을 하려고 한다면, 즉 이것과 반대 방향의 전류를 흘려보내려고 한다면 전자를 Cu에서 Zn으로 보내면 될 것이다. 직류 전원의 양극을 구리에 연결하고 직류 전원의 음극을 아연에 연결하는 것이다.

전기 도금

전기 도금[electroplating]은 전기 분해의 원리를 이용해 한 금속을 다른 금속 위에 입히는 것이다. 과정만 보면 충전과 비슷하다. 전기 도금은 양극인 금속이 음극인 금속으로 이동하여 도금이 된다. 볼타 전지를 충전하면, 양극에서 구리 금속이 녹기 시작하면서 음극인 아연판에 구리가 도금된다.

그러나 이것이 원래의 상태로 돌아가는 것은 아니다. 즉 가역 반응은 일어나지 않는다. 따라서 볼타 전지의 경우 충전이 불가능하다. 다시 말해, 볼타 전지는 이차 전지가 될 수 없다.

이온화 경향

이 경우의 이온화 경향에 대해 좀 더 자세하게 살펴보자. 충전이 시작되면 볼타 전지의 전해액 속에는 방전에 의해 발생한 아연 이온Zn^{2+}, 충전에 의해 발생한 구리 이온Cu^{2+}, 그리고 황산수용액에서 나온 수소 이온H^{+}, 이렇게 세 종류의 양이온이 생성된다. 여기에 음극으로부터 전자가 오면 이 세 가지 종류의 양이온은 모두 전자를 받아 환원될 가능성이 있다. 실제로는 이온화 경향이 가장 작은 Cu^{2+}가 환원이 된다. 즉, 음극인 아연이 구리로 도금된다는 것을 의미한다.

그 이외의 다른 최신 전지

세계 최초의 전지인 볼타 전지부터

최첨단 전고체형 리튬 이온 이차 전지까지, 전지에는 다양한 종류가 있다.

각각의 전지마다 장점과 단점이 있으며 적합한 용도가 있다.

이 장에서는 주요 전지에 대한 대략적인 내용을 알아보자.

수소 연료 전지 (hydrogen fuel battery)

8-1

연료를 산화시켜 전기 에너지를 만드는 전지를 일반적으로 연료 전지 fuel battery라고 한다. 그중에서 수소를 연료로 사용하는 전지를 수소 연료 전지 hydrogen fuel battery라고 한다.

연료 전지

최근 정부가 탄소 중립을 선언함에 따라 수소 연료 전지라는 단어가 뉴스에 자주 등장하고 있다. 수소 연료 전지라는 말이 뉴스에 등장하게 된 것은 최근이지만 연료 전지의 원리는 이미 오래전부터 잘 정립된 내용이다.

일반적인 전지는 전지 내부에 전기 에너지를 만들어내기 위한 에너지원 화학 물질 및 전기 에너지를 만들기 위한 장치를 완전한 형태로 구성하고 있다. 하지만 연료 전지에는 에너지원이 되는 화학 물질이 없다. 연료 전지를 구성하는 것은 전기를 만들기 위한 장치뿐이다. 즉

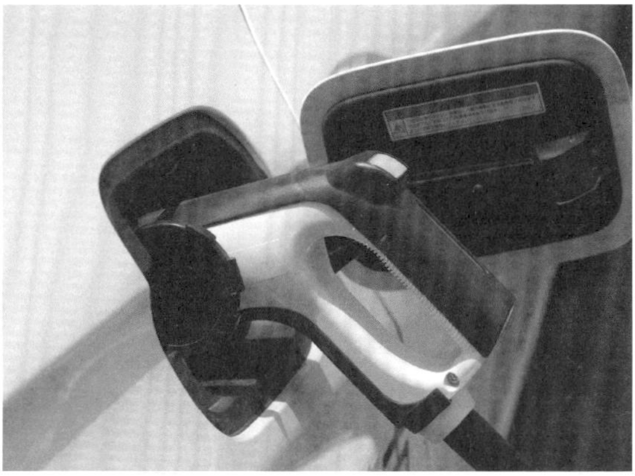

연료 전지 자동차에 수소를 공급하는 모습. 공급 방법은 가솔린 자동차에 가솔린을 주유하는 모습과 별다른 차이가 없다.

연료 전지는 전기 에너지를 만들기 위해 그때마다 연료를 공급해야 한다. 그런 의미에서 연료 전지는 '전지'라기보다는 작은 휴대형 '화력 발전소'라고 생각해도 좋다.

수소 연료 전지

연료 전지 중 연료로 수소 기체H_2를 사용하는 전지를 수소 연료 전지라고 한다. 수소 연료 전지는 특히 차세대 전기 자동차의 에너지원으로 기대를 받고 있다. 수소 연료 전지는 수소가 산소와 반응해서 물이 되는, 즉 연소할 때의 반응 에너지반응열를 전기 에너지로 만들어 내는 장치이다. 244쪽의 그림은 전해액으로 인산H_3PO_4을 사용한 인산형 수소 연료 전지 장치의 모식도이다.

전극은 양극, 음극 두 전극 모두 백금Pt으로 구성되어 있으며 전극 역할과 촉매 역할을 함께 하고 있다. 전해액이 담긴 용기전해조 안의 음극 쪽에는 수소 기체H_2가 주입되고 양극 쪽에는 산소 기체O_2가 주입된다.

왼쪽은 수소 충전소에서 수소를 공급해주는 디스펜서. 아래는 도쿄도 고토구에 위치한 도요스 수소 충전소의 모습. 2021년 9월 기준, 일본 내 수소 충전소는 총 155곳이다.

수소 연료 전지의 기전 메커니즘

수소 연료 전지에서 전기 에너지가 발생하는 원리는 다음과 같다.

음극 반응

음극의 백금 표면에 수소 기체가 접촉하게 되면 백금의 촉매 작용에 의해 수소가 분해되어 수소 이온H^+과 전자e^-로 분해된다.

$$H \longrightarrow H^+ + e^-$$

이때 발생한 전자는 외부 도선을 통해서 양극으로 이동하며 이것이 바로 전류이다. 한편, H^+는 전해액을 통해서 양극으로 이동한다.

양극 반응

양극에는 주입된 산소 기체O_2가 기다리고 있다. 양극에 도달한 H^+와 e^-는 결합해서 수소H가 되고 전극과 동시에 촉매 역할을 하는 백금의 도움으로 수소는 산소와 결합하여 물H_2O이 만들어진다.

$$H^+ + e^- \longrightarrow H$$

$$4H + O_2 \longrightarrow 2H_2O$$

수소 연료 전지의 특징

가솔린이나 디젤 엔진 자동차는 유해한 배기가스를 내뿜고 시끄러운 엔진 소음을 낸다. 반면에 전기 에너지를 사용하는 전기 자동차는 모터에서 소리가 거의 나지 않으며 배기가스의 배출도 없다. 가까운 미래에 전 세계적으로 전기 자동차를 이용하는 것은 어쩌면 피할 수 없

수소 연료 전지 구조

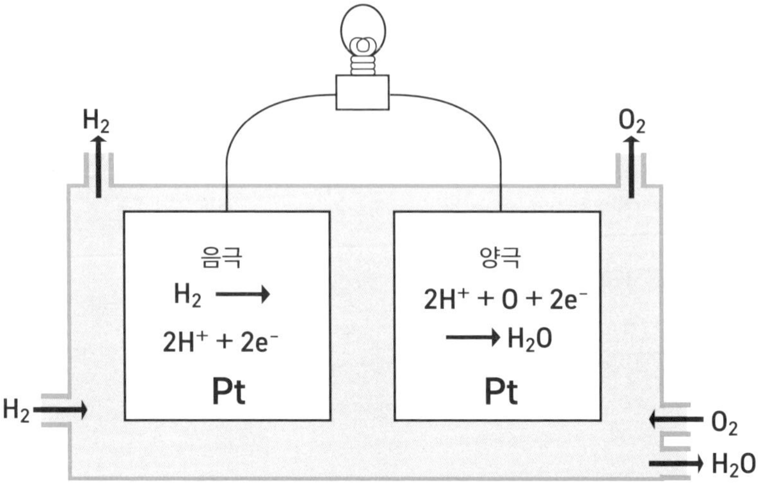

물의 전기 분해에 의한 에너지

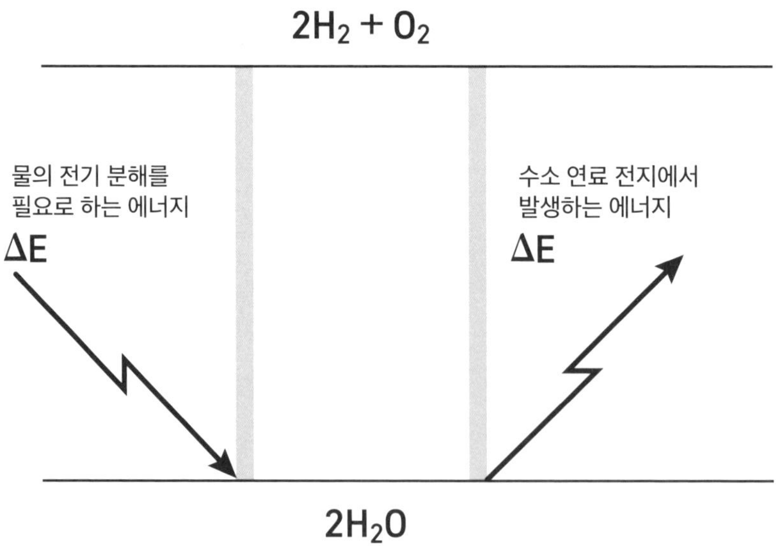

는 필연적인 방향일 것이다.

이를 위한 전기 에너지원으로 리튬 이온 이차 전지와 수소 연료 전지가 주목을 받고 있다. 그렇다면 수소 연료 전지에는 어떤 장점과 단점이 있는지 알아보자.

친환경적인 에너지

수소 연료 전지의 가장 큰 장점은 폐기물로 나오는 것이 물뿐이라는 점이다. 우주 정거장의 에너지원으로도 수소 연료 전지가 사용되었고, 그때 발생한 '폐기물'인 '물'을 우주 비행사가 마실 수 있었다. 이처럼 수소 연료 전지는 환경을 오염시키지 않는 깨끗한 에너지원으로 주목받고 있다.

백금 전극

그렇다면 수소 연료 전지에는 장점만 있을까? 결코 그렇지는 않다. 수소 연료 전지의 첫 번째 문제는 촉매로 백금Pt을 사용한다는 점이다. 백금은 귀금속이며 희귀 금속rare metal 중 하나다. 지구상에 매장량이 많지 않으며 가격도 높은 편이다. 백금 가격은 시시각각 가격이 변하는 유동적인 특징을 갖고 있다. 2021년 현재 기준 1g 당 4,000엔 정도인데 5,000엔, 3,000엔인 때도 있었다. 따라서 조금 더 입수하기 쉽고 안정적인 가격을 지닌 새로운 촉매 개발이 필요하다.

수소 기체의 조달

수소 연료 전지의 가장 큰 문제점은 연료로 사용하는 수소 기체가 자연계에는 존재하지 않는다는 점이다. 그렇기 때문에 수소 기체를 인위적으로 만들어내야 한다. 가장 생각하기 쉬운 것은 물을 전기 분해하는 방법인데, 이 경우 수소를 물로 바꾸어 얻을 수 있는 에너지수소 연료 전지가 발생하는 에너지는 이론적으로 물을 전기 분해해서 수소를 만들기 위해서 사용되는 에너지와 같다.

즉, 수소 연료 전지는 에너지 발생원이 아니다. 어떤 에너지를 사용해서 만든 수소를, 다시 사용해 원래의 에너지를 발생시키는 것이다.

수소 기체 조달 방법

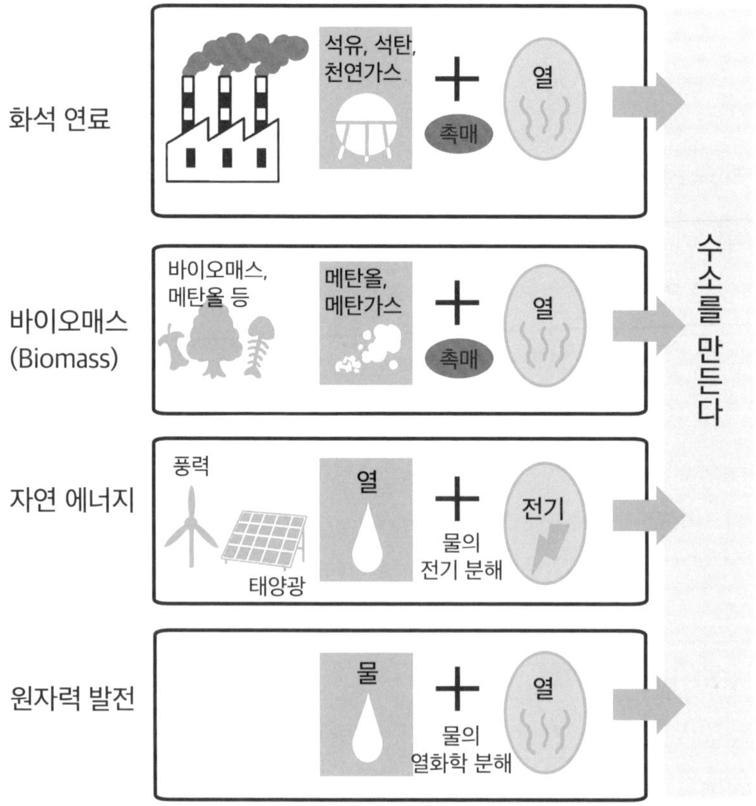

다시 말해 단순한 에너지 이동 장치라고 생각하면 된다.

만약, 어떻게든 물의 전기 분해를 이용해 수소를 만들고 싶다면 그 에너지는 다른 발전 장치, 즉 화력 발전 또는 원자력 발전을 이용해서 얻어야 하는 것이다.

공기 아연 전지 (zinc-air battery)

8-2

연료 전지용 연료에 수소만 있는 것은 아니다. 금속을 연료로 사용하는 전지도 있다. 이러한 전지에서 활물질은 금속 고체와 이 고체를 연소하는산화하는 산소이며, 산소는 공기 중에서 흡수된다.

공기 아연 전지 연료: 아연Zn

수소 이외의 연료를 사용하는 전지 중 첫 번째로 공기 아연 전지에 대해 알아보자. '공기 전지'라는 이름으로 이미 보청기 등에 사용되고 있는 이 전지에는 연료뿐만 아니라 연료를 연소시키기 위한 산소를 반드시 공급해야 한다. 그리고 이 산소는 공기로부터 얻을 수 있다. 다시 말해, 공기 아연 전지를 작동시키기 위해서는 공기가 반드시 필요하다.

공기 아연 전지는 주로 버튼형 전지로 사용되며, 전극의 공기 주입구에 붙어 있는 실링 스티커sealing sticker를 떼어낸 뒤 사용한다. 한번 떼어낸 스티커를 다시 붙여도 원래 상태로는 돌아갈 수 없다.

공기 아연 전지는 양극으로 공기 중에 있는 산소를, 음극으로 아연을 사용한다. 전해액으로는 알칼리 망간 전지와 마찬가지로 수산화칼륨KOH을 사용하는 경우가 대부분이다. 기전 메커니즘을 살펴보면 음극에서는 아연의 이온화 반응이 일어난다.

음극 $Zn \rightarrow Zn^{2+} + 2e^-$

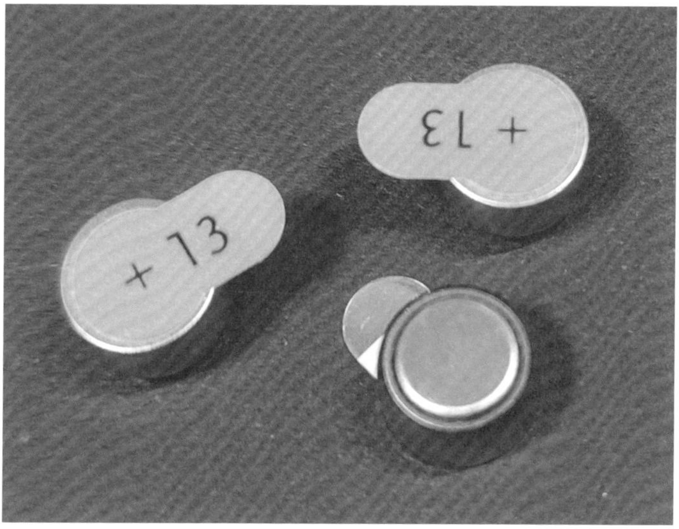

보청기용 공기 아연 전지 사진. 전극에는 공기 주입구가 있으며 구멍이 뚫려 있는 것을 확인할 수 있다. 이러한 구조상, 한 번 실링 스티커를 떼어내면 성능을 계속 유지하기 어렵다.

음극에서 나온 전자를 양극인 산소가 받는다. 산소는 전자와 공기 중의 수분에 의해 수산화물이온 OH^- 이 된다.

양극 $O_2 + 2H_2O + 4e^- \rightarrow 4OH^-$

즉, 산소는 중성 상태인 0가의 O_2분자로부터 환원되어 −2가 상태인 O^{2-}가 된다.

공기 아연 전지의 경우 양극 재료로 공기 중의 산소를 사용하기 때문에 전지 안에 양극 재료를 위한 공간이 필요 없다. 따라서 전지 안에 음극 재료인 아연을 많이 채울 수 있고, 이러한 장점을 이용하여 작고 가벼우면서도 대용량의 전기 에너지를 만들 수 있다. 따라서 귀에 넣어서 사용하는 작은 보청기의 전원에 사용되고 있다.

일본 NIMS(National Institute of Materials Science, 국립물질재료연구기구)에서 개발한 리튬 공기 전지의 실험기구 모습. 사진에서는 잘 보이지 않지만 산소를 주입하는 구멍이 뚫려 있다. (출처: NIMS)

리튬 공기 전지Li-air battery

리튬 공기 전지는 이론적으로 리튬 이온 전지보다 훨씬 큰 에너지 밀도를 가지며, 금속 리튬을 음극 활물질로 사용하고 공기 중의 산소를 양극 활물질로 사용해서 충·방전이 가능한 전지이다. 리튬은 금속 중에서 가장 이온이 되기 쉬우며, 리튬을 음극으로 사용하면 양극과의 전위차가 커져서 상대적으로 높은 전압을 얻을 수 있다. 또한, 리튬 원자의 크기가 작기 때문에 충분한 전기 용량electrical capacity 확보가 가능하다.

양극 활물질인 산소는 전지 내부에 포함할 필요가 없기 때문에 이론적으로 리튬 이온 전지보다 더 큰 중량 에너지 밀도Wh/kg를 기대할 수 있다. 그래서 자동차용 전지로 꾸준히 연구 개발을 진행하고 있으나 물, 질소, 산소와의 반응성이 높은 금속 리튬을 음극으로 사용하기 때문에 대기 중에 노출된 양극으로부터 수분 침투를 막을 필요가 있다. 한편으로는 리튬 공기 전지의 전해질 재료에는 내수성과 기밀성 등이 요구되기 때문에 전지 제작의 난이도가 높다. 안전성 보장 등의 문제로 제품화하기에는 아직도 넘어야 할 산이 많다.

리튬 공기 전지 구조

리튬 이온 전지

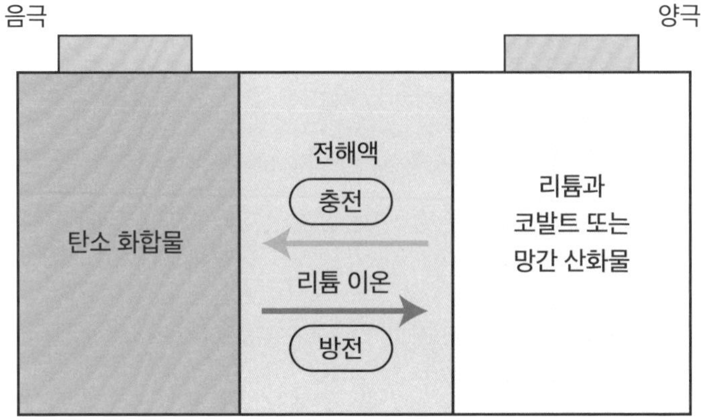

리튬 공기 전지

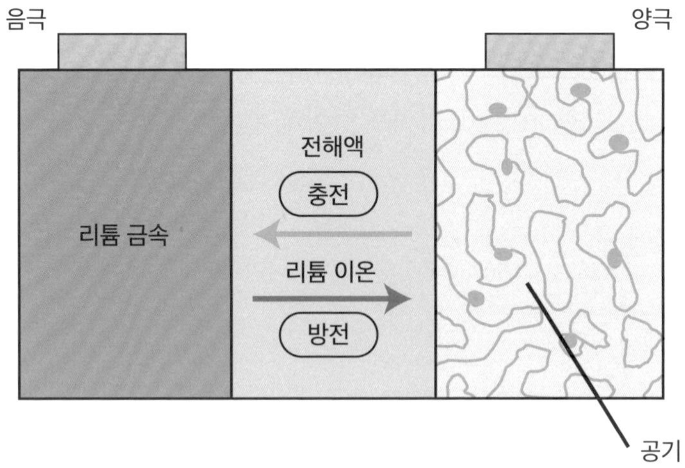

태양 전지 (solar battery)

8-3

태양광 에너지는 무궁무진하다. 물론 태양도 언젠가는 그 빛을 다하겠지만 과학자들은 약 50억 년 후에 태양이 수명을 다할 것으로 예상한다. 그것은 인간이 상상할 수 없는 아주 먼 미래의 이야기다. 이 태양광 에너지를 전기 에너지로 바꾸는 전지가 바로 태양 전지다.

태양 전지는 무엇인가?

태양 전지는 반도체를 이용한 전지로, 외관은 가로 12cm 정도의 검은 유리판처럼 생겼다 보통 이것을 셀(cell)이라고 부른다. 이러한 셀을 수십 장 이어 붙인 평판 flat plate 을 태양 전지 모듈이라고 하며 이 모듈 몇 장을 지붕 위에 얹은 것이 바로 태양 전지 발전 시스템이다.

검은색 유리판 한 장이 한 개의 태양 전지이며 이 유리판에 태양광이 닿으면 전기가 발생되어 전지와 마찬가지로 전극에서 전류가 흐른다. 보통 전지 한 개의 기전력은 약 0.5V이다. 태양 전지도 앞에서 살

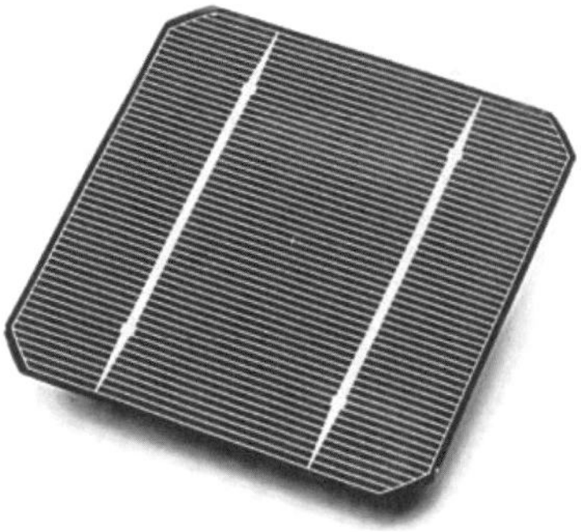

태양 전지 셀 사진 (출처: Wikipedia)

태양 전지 발전 시스템

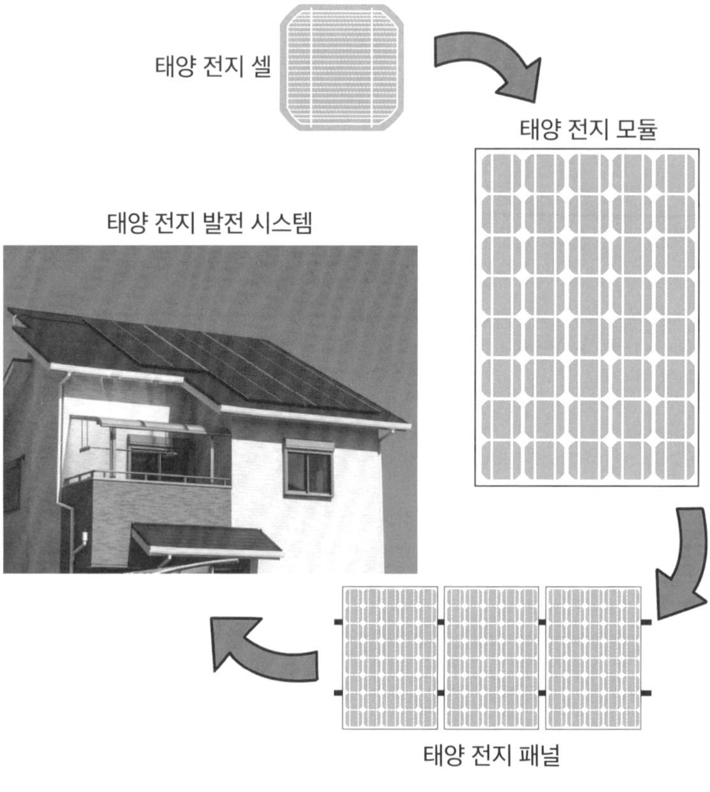

펴본 공기 연료 전지처럼 전고체 전지의 하나라고 할 수 있다.

태양 전지에는 다음과 같은 종류가 있다.

실리콘 태양 전지

실리콘규소, Si 반도체를 사용한 전지를 일반적으로 실리콘 태양 전지라고 한다. 현재 민간용으로 사용되는 제품은 모두 실리콘 태양 전지인데, 태양광 에너지를 전기 에너지로 바꾸는 비율변환 효율은 대략 20% 이하로 알려져 있다.

실리콘 태양 전지 구조는 놀라울 정도로 간단한데, 두 종류의 실리콘 반도체인 p형 반도체와 n형 반도체를 접합한 구조이다.

다음 페이지의 그림에서 보는 바와 같이 투명 전극, n형 반도체, p형 반도체 그리고 금속 전극을 접합한 구조이다. 여기서 중요한 부분은 p형과 n형 반도체의 접합면인 pn접합이다. 태양광은 투명 전극과 얇고 투명한 n형 반도체를 통과하여 pn접합면에 도달하게 된다. 이때 태양광 에너지가 n형 반도체 안에서 자유 전자를 만들고, 이 전자는 연결된 도선을 통과하여 전구bulb에 에너지를 전달한 후 다시 p형 반도체를 경유해 pn접합면으로 돌아가게 된다.

그 이외의 태양 전지

실리콘 태양 전지 이외에 현재 실용화된 태양 전지로는 유기 태양 전지, 화합물 태양 전지 등이 있다.

유기 태양 전지는 유기물로 만든 반도체를 사용하기 때문에 가볍고 유연하며 대량 생산하게 되면 가격이 저렴해지는 장점이 있다. 그

태양 전지의 구조

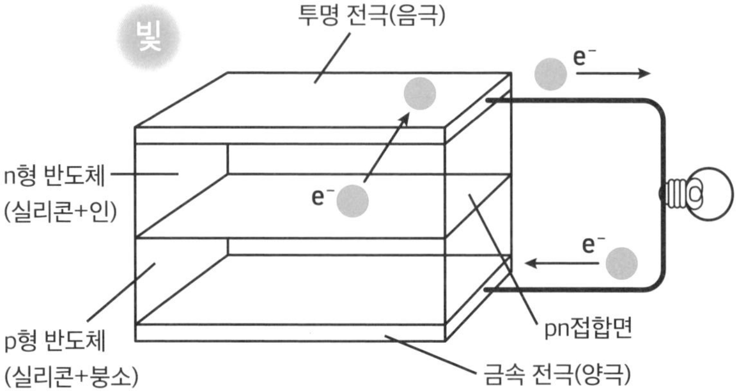

러나 효율이 좋지 않다는 단점이 있으며 특히 실외에서 사용할 경우 내구성에 문제가 있다.

화합물 태양 전지는 효율이 좋고 우수하지만 제조 비용이 높기 때문에 민간용으로 사용하기에는 적합하지 않다.

앞으로는 아주 작은 금속 입자 나노 입자 를 사용한 양자점 퀀텀닷, Quantum Dot 태양 전지가 이상적인 태양 전지가 될 것이라 기대하고 있다. 양자점 태양 전지가 가능해진다면 태양광 에너지의 60%를 전기 에너지로 바꿀 수 있다고 한다.

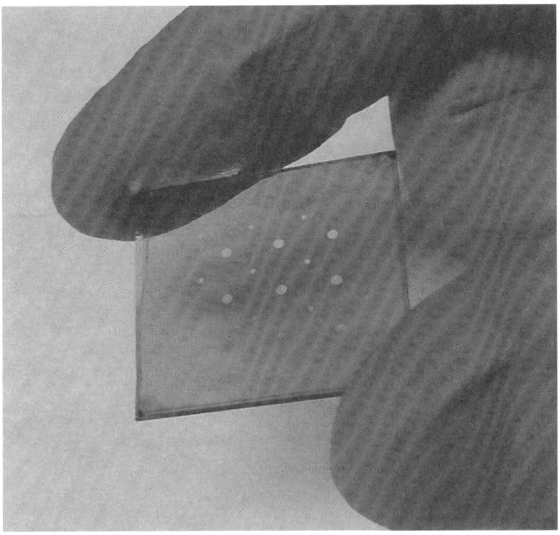

유기 태양 전지 사진

(출처: Wikipedia)

샤프에서 만든 화합물 태양 전지를 탑재한, 2009년 발사된 JAXA의 온실 효과 가스 관측 기술위성 '이부키'. (출처: JAXA)

원자력 전지 (nuclear battery)

8-4

원자력 전지는 일반적인 전지는 아니다. 적어도 우리 주변에서는 쉽게 볼 수 없다. 그러나 구소련Soviet Union 시절 북방 지역에서는 일상적으로 사용되었다고 한다.

원자핵 에너지

원자력 전지는 원자핵에서 발생하는 에너지에 의해 전기 에너지를 만드는 전지이다. 플루토늄 동위원소^{238}Pu 또는 폴로늄 동위원소^{210}Po는 원자핵 반응원자핵 붕괴을 일으켜 알파α선이라는 방사선을 방출한다. 일반적으로 방사선은 매우 큰 에너지를 가지고 있어서 다른 물질의 원자핵과 충돌하면 원자핵 반응nuclear reaction을 일으키고, 이때 원자핵 반응 에너지열 에너지를 발생시킨다.

원자핵 반응 에너지를 흡수해서 전기 에너지로 변환하는 장치를 열전 변환 소자thermoelectric conversion device라고 한다. 열전 변환 소자

원자력 전지는 수명이 길기 때문에 행성 탐사를 위한 인공위성으로 사용된다. 왼쪽은 토성 탐사기 '카시니'에 탑재한 원자력 전지이며 오른쪽은 '카시니'가 토성에 접근했을 때 촬영한 사진.

열전 변환 소자의 구조 모식도

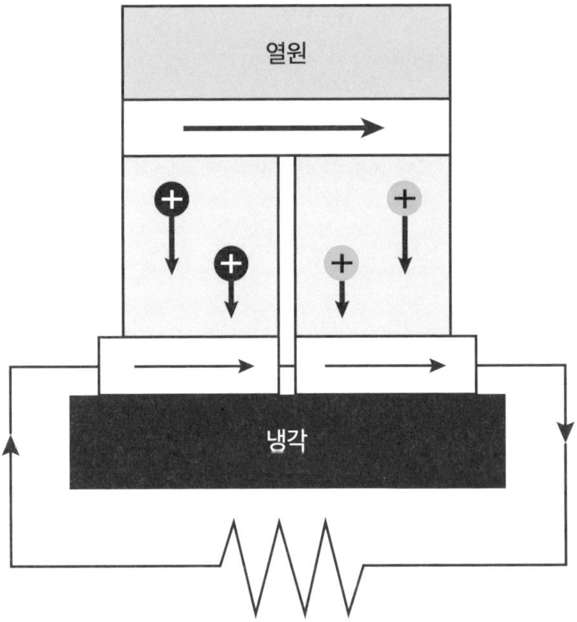

는 두 종류의 다른 금속 또는 반도체를 접합한 것으로 양쪽 끝에서 온도 차를 발생시키면 기전력이 발생한다. 열전 변환 소자의 기본적인 모식도는 앞의 그림과 같다.

구조

즉, 에너지원이 되는 방사선원을 준비하고, 거기서 나오는 알파선 등의 방사선을 적당한 물질에 쪼여 발열시킨 다음, 그 에너지를 열전 소자에 전달해 전기 에너지를 만드는 것이다.

원자력 전지의 장점은 방사성 원소만 있으면 아주 오랫동안 안정적인 전력을 공급할 수 있다는 점이다. 단점은 바로 방사성 원소를 이용한다는 것, 즉 방사선을 이용한다는 것이다. 방사선의 위험성은 이미 많은 사람이 잘 알고 있을 것이다. 그래서 원자력 전지는 주로 수십 년 동안 태양광이 닿지 않는 암흑의 극저온 상태에서 활동을 계속하는 우주 탐사 목적의 인공위성의 에너지원으로서만 이용되고 있다.

이온 농담 전지와 생체 발전

8-5

지금까지 알아본 전지들은 모두 전지 내부에서 화학 반응이 일어나 그 반응 에너지를 전기 에너지로 바꾸는 전지였다. 그러나 이온 농담 전지 ion concentration battery는 전지 내부에서 물질 변화를 일으키지 않는다. 즉 화학 반응이 없이 단지 전해질 양쪽 끝의 농도 차이로 기전력이 발생하는 전지이다. 이온 농담 전지는 생물 체내에서 중요한 역할을 한다.

이온 농담 전지의 원리

그림은 이온 농담 전지의 모식도를 나타낸 것이다. 초벌구이용 도자기 판unglazed ceramic plate으로 공간이 분리된 용기 안에, 한쪽에는 농도가 진한 질산은 $AgNO_3$ 수용액concentrated silver nitrate aqueous solution을, 다른 쪽에는 농도가 옅은 질산은 수용액dilute silver nitrate aqueous solution을 넣는다. 그리고 양쪽 공간에 전극으로 사용하는 은Ag 판Silver plate을 각각 넣고 도선으로 연결한다.

이온 농담 전지의 원리

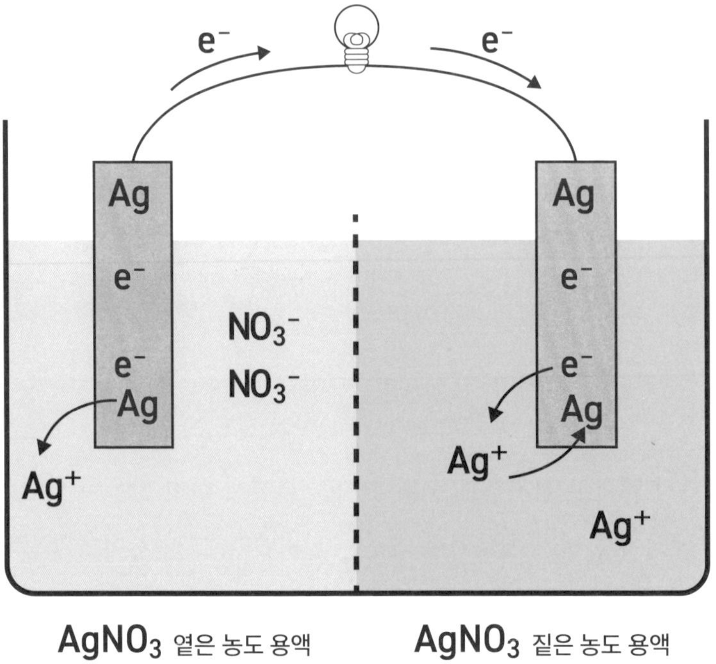

전극의 용해

이렇게 하면 양쪽 공간에 있는 전극의 금속Ag이 용액에 녹기 시작하는데, 녹는 과정에는 차이가 있다. 농도가 옅은 수용액에 들어 있는 Ag 판에는 전자가 쌓이고 이 전자들은 도선을 타고 농도가 짙은 수용액에 들어 있는 Ag판으로 흐른다. 즉, 옅은 농도 수용액 쪽에서 짙은 농도 수용액 쪽으로 전자가 이동하면서 전류가 흐르게 된다. 전지의 정의에 따라, 전자를 내놓는 옅은 농도 수용액 쪽이 음극이고 전자를 받는 짙은 농도 수용액 쪽이 양극이다.

이온의 이동

반응이 진행되면 옅은 농도 수용액에는 Ag^+ 양이온이 많아지고, 그 결과 상대적으로 수용액 내에 있는 NO_3^- 음이온이 부족해진다. 그리고 짙은 농도 수용액에 있는 NO_3^- 음이온이 도자기 판을 통과하여 옅은 농도 수용액 쪽으로 이동하게 된다.

그 결과 옅은 농도 수용액 쪽에서는 Ag 전극에서 Ag가 녹으면서 Ag^+가 되고 Ag^+ 양이온이 늘어난다. 짙은 농도 수용액 쪽에서 도자기 판을 통과해 옅은 농도 수용액 쪽으로 이동한 NO_3^-가 늘어나기 때문에 옅은 농도 수용액의 $AgNO_3$ 농도가 높아지는 것이다. 반대로 짙은 농도 수용액 쪽은 NO_3^- 농도가 감소하고, 그에 따라서 Ag^+가 Ag가 되어서 Ag금속으로 석출된다.

이렇게 해서 양쪽 수용액 내의 $AgNO_3$ 농도가 같아지는 시점에 전자의 이동은 멈추고 따라서 전류도 흐르지 않게 된다.

이온 농담 전지와 신경 전달

동물 체내에는 신경세포섬유가 있다. 동물 체내에서 신호나 정보 전달은 모두 신경세포를 통해 이루어진다. 신경세포는 핵을 가진 세포체와 그로부터 뻗어 나가는 긴 축삭돌기axon로 이루어져 있다. 신경세포는 여러 개가 연결되어 신경계nervous system를 구성하지만, 이음매는 세포의 결합이 아니라 가지돌기dendrities와 축삭돌기의 끝부분이 서로 얽혀 있을 뿐이다. 이 부분을 시냅스synapse라고 한다.

신경계에서 정보 전달은 한 방향으로만 이루어지는데, 세포체에서 축삭돌기의 말단으로 전달된다. 정보가 축삭돌기를 통해 전달되는 것

이온 농담 전지와 신경전달

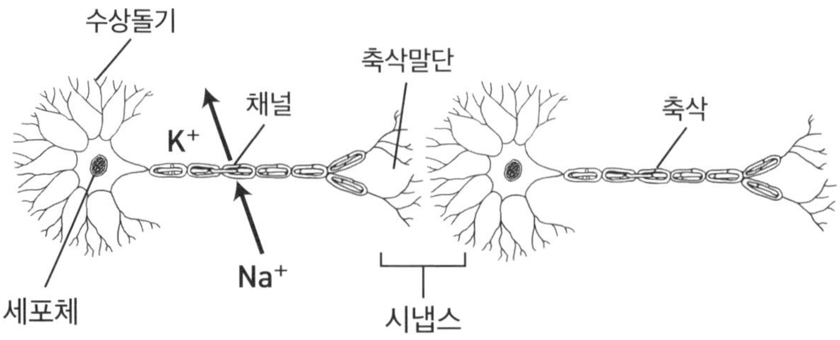

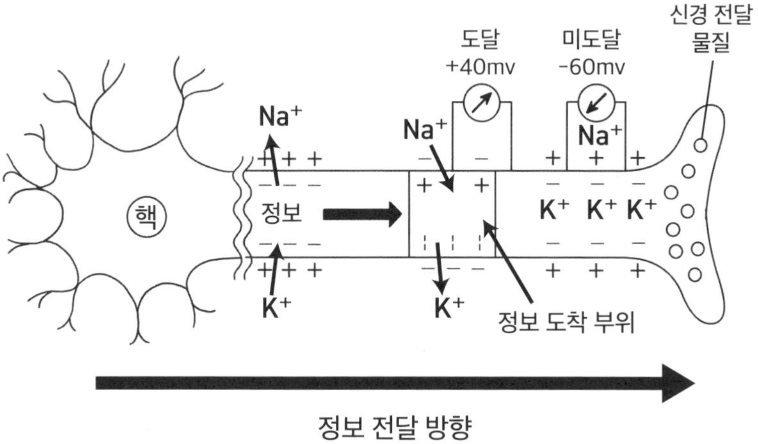

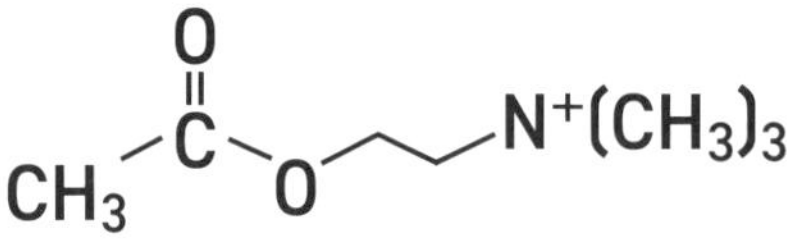

아세틸콜린

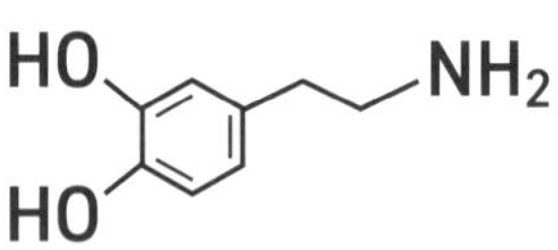

도파민

은 전압 차이 때문이다. 즉 말하자면 전화선으로 연결되어 통신하는 것과 같다. 하지만 시냅스에서는 그런 전화선이 끊겨 있다. 그래서 이 구간에서는 마치 편지로 연락하는 것과 같이 정보를 전달해야 한다. 이 편지에 해당하는 것이 신경 전달 물질이다.

이온 농담 전지에 의한 정보 전달

정보가 축삭돌기를 통해 전달이 될 때 이온 농담 전지가 사용된다. 축삭돌기에는 칼륨K 채널과 나트륨Na 채널 두 종류의 구멍이 무수히 뚫려 있다. 정보가 오면 축삭돌기의 칼륨 채널에서 칼륨 양이온K^+이 외부로 나오게 된다. 대신 나트륨 채널에서는 나트륨 양이온Na^+이 축삭돌기 안으로 들어가게 된다. 이렇게 해서 축삭돌기의 바깥쪽과 안쪽에서 칼륨 양이온과 나트륨 양이온의 농도가 바뀌면서 전위차, 즉 전압 차이가 발생하고 이것이 정보가 되는 것이다. 정보가 통과한 후에는 칼륨 양이온과 나트륨 양이온의 농도는 다시 원래의 상태로 돌아가게 된다.

참고문헌

『진화하는 전지의 구조』 미노우라 히데키, SB 크리에이티브 (2006)
『연료 전지와 수소 에너지』 쓰치야 하루키, SB 크리에이티브 (2007)
『전기의 기초』 기쿠치 마사노리, SB 크리에이티브 (2010)
『전고체 전지 입문』 다카다 가즈노리, 간노 료지, 스즈키 고타, 닛칸공업신문사 (2019)
『절대적으로 이해할 수 있는 무기화학』 사이토 가쓰히로, 고단샤 (2003)
『절대적으로 이해할 수 있는 물리화학』 사이토 가쓰히로, 고단샤 (2003)
『도해잡학 물리화학의 구조』 사이토 가쓰히로, 나쓰히로사 (2008)
『알아둬야 할 에너지의 기초 지식』 사이토 가쓰히로, SB 크리에이티브 (2010)
『알고 싶은 전기 에너지의 궁금한 점 100』 사이토 가쓰히로, SB 크리에이티브 (2012)
『만화로 알 수 있는 무기화학』 사이토 가쓰히로, SB 크리에이티브 (2014)
『다시 시작하는 고교 화학』 사이토 가쓰히로, 치쿠마쇼보 (2016)
『인류가 손에 넣은 지구의 에너지』 사이토 가쓰히로, C&R 연구소 (2018)
『세상을 바꾸는 전지의 과학』 사이토 가쓰히로, C&R 연구소 (2019)
『탈탄소 시대를 살아가기 위한 에너지 입문』 사이토 가쓰히로, 실무교육출판 (2021)
『신종합화학』 사이토 가쓰히로, 산교출판 (2021)

2차 전지의 혁신, 전고체 전지
새로운 시장을 열다

초판 인쇄 2024년 2월 5일
초판 발행 2024년 2월 10일

지은이 사이토 가쓰히로
옮긴이 권오현, 오가윤
펴낸이 조승식
펴낸곳 도서출판 북스힐
등록 1998년 7월 28일 제22-457호
주소 서울시 강북구 한천로 153길 17
전화 02-994-0071
팩스 02-994-0073
인스타그램 @bookshill_official
블로그 blog.navcr.com/booksgogo
이메일 bookshill@bookshill.com

값 18,000원
ISBN 979-11-5971-553-2